[第四版]

入門
鉄筋コンクリート工学

國府勝郎
[編著]

伊藤義也
上野　敦
[著]

REINFORCED
CONCRETE
ENGINEERING

技報堂出版

書籍のコピー，スキャン，デジタル化等による複製は，
著作権法上での例外を除き禁じられています。

第四版の刊行にあたって

　本書は，鉄筋コンクリート設計法の入門書として，大学，高等専門学校などにおける土木系の多くの学生や新進の技術者に20年以上の長きにわたりご愛読いただいています．1990年に第一版を刊行して以来，土木学会コンクリート委員会による限界状態設計法や耐震設計法などの見直しに対応して1998年（第二版），2004年（第三版）と改訂を重ねてきましたが，今回の第四版では，企画当初より第三版まで編者としてご指導いただいた村田二郎先生が勇退され，新たに伊藤義也先生と上野敦先生を迎えることとしました．コンクリートと鉄筋との複合材料としての力学的挙動を平易に解説するという，第一版以来の目的や編集方針等は踏襲しつつ，現在の鉄筋コンクリート設計法の動向に沿うよう内容を一新しています．

　土木学会『コンクリート標準示方書』は，1986年以来限界状態設計法を主体とし，許容応力度設計法は補助的な位置づけとされてきました．そのため，第三版までは，許容応力度設計法，終局強度設計法，限界状態設計法の組合せが使われることを考慮し，相互に比較しながら各設計法の要点を解説しました．しかし現在，わが国の鉄筋コンクリート設計法の実務は，許容応力度設計法から限界状態設計法への移行過程にあり，また国の所掌する規準・規格類は性能規定化の方向を目指すことになっています．このようなことから，今後の鉄筋コンクリート構造物設計の照査は，限界状態設計法によって行われることが必然です．

　これらを考慮し，今回の改訂では許容応力度設計法および終局強度設計法に関連する章を削り，限界状態設計法を中心に記述することにしました．その代わりとして，鉄筋コンクリート設計法の入門書としての目的を重視し，第4章に「鉄筋コンクリート部材の力学的挙動」を設け，構造力学と鉄筋コンクリート工学の関連，および引張側コンクリート断面を無視する常用設計法の妥当性の理解を深めることができるよう配慮しています．そのほか，「安全性に関する照査」（第5章），「使用性に関する照査」（第6章），「疲労破壊に関する照査」（第7章），「耐

震性に関する照査」(第8章)などについても,できるだけわかりやすく解説するとともに,示方書等における規定の要点を整理して示しました.また,限界状態設計法による構造物設計の流れが初心者にも理解できるよう,付録として「鉄筋コンクリート倒立 T 形擁壁の設計例」を載せています.なお,各章に対応した演習問題を示しましたので,計算を実際に行って自己診断に活用して下さい.

本書が鉄筋コンクリート工学を学ぶ学生諸君の助けになることを願ってやみません.著者らの浅学のため,内容構成や表現方法の不備のおそれがありますが,読者諸賢のご叱正を頂戴できれば幸いです.

2012 年 9 月

編著者　國　府　勝　郎

[第四版]

編著者……國府勝郎	首都大学東京 名誉教授 (第 1 章,第 2 章,第 3 章,第 7 章,第 9 章,第 10 章)
著　者……伊藤義也	日本大学 生産工学部 教授 (第 5 章,第 6 章,付録 設計例)
上野　敦	首都大学東京 都市環境学部 准教授 (第 4 章,第 8 章)

1990年第一版の「はしがき」

　鉄筋コンクリート理論の最初の発表は1887年Koenen(オーストリア)によるといわれているが，その後許容応力度設計法，終局強度設計法，そして限界状態設計法へと進歩発展してきた．わが国でも，土木学会『コンクリート標準示方書』(昭和61年版)は限界状態設計法を主体とし，許容応力度設計法に関する条項は必要最小限として，その方向性を明確にしている．

　しかし，本書の構成は第I編「総説」において，許容応力度設計法，終局強度設計法および限界状態設計法の設計理念や荷重，材料強度等の取扱いを相互に比較して述べ，第II編以降に各設計法の要点を順次解説している．これは，

(1) 限界状態設計法は，土木学会『コンクリート標準示方書』にその理念と一般の標準が示されているが，これを実構造物，たとえば道路橋の設計に適用する場合，荷重の取扱いや諸係数の数量的検討など，多くのむずかしい問題が残されており，当分の間は許容応力度設計法と終局強度設計法の組合せによる必要がある．また，世界の大多数の国々では，現在終局強度設計法が用いられている．

(2) 許容応力度設計法に始まり，終局強度設計法を経て限界状態設計法に至る設計法の変遷は人間の知恵の進展の過程を示しており，各設計法について，それぞれ先人が工夫をこらし，経済性と安全性を追求した跡をたどることは，鉄筋コンクリート設計法の基本的な考え方を理解するうえに，きわめて有用である．

との考えに基づいているものである．

　本書は，大学，高専等における鉄筋コンクリート工学の教科書として，また構造物の設計，施工に従事する初級土木技術者の良い参考書となるよう編集したもので，設計計算の手法そのものより，複合材としての鉄筋コンクリートにおけるコンクリートと鉄筋の共同作用や荷重下の鉄筋コンクリート部材の挙動の解説に重点をおいている．これにより鉄筋コンクリートの力学に基づく設計の基本的な

考え方を体得し，鉄筋コンクリートの設計に対する技術的感性を身につけていただくことを主眼とした．

なお，編集にあたり，大学，高専等におけるカリキュラムを考慮して，所定時間内に本書の内容すべてを講述できるよう，各編ごとに必要最小限の記述とした．また，本書が入門書であることから，設計上一般の鉄筋コンクリートとは若干の差異がある鉄骨鉄筋コンクリートおよびプレストレストコンクリートは除外してある．

多数の方々の御愛読をいただき，御叱正を賜りたい．

1990年8月

村 田 二 郎

[第一版～第三版]

編著者……村田二郎　東京都立大学 名誉教授

著　者……國府勝郎　首都大学東京 名誉教授

　　　　　越川茂雄　元 日本大学教授

第一版から執筆・改訂にご尽力いただいた越川茂雄博士は，第四版の原稿完成を前に急逝されました．謹んでご冥福をお祈り申し上げます．

(2012年9月現在)

入門 鉄筋コンクリート工学　目次

第1章　鉄筋コンクリート設計法

1.1　鉄筋コンクリートの設計 ……………………………………… 1
　　（1）　鉄筋コンクリートの原理　1
　　（2）　鉄筋コンクリートの成立　1
1.2　設計法の変遷 …………………………………………………… 2
　　（1）　許容応力度設計法　2
　　（2）　終局強度設計法　3
　　（3）　限界状態設計法　3
1.3　許容応力度設計法および終局強度設計法の特徴 … 4
　　（1）　許容応力度設計法　4
　　（2）　終局強度設計法　5
1.4　限界状態設計法 ………………………………………………… 6
　　（1）　安全係数　6
　　（2）　設計値　7
　　（3）　限界状態性能　8
　　（4）　安全性の照査　8
　　（5）　性能照査と限界状態設計法　9

第2章　材料の特性と設計値

2.1　コンクリート …………………………………………………… 11
　　（1）　強度の特性値　11
　　（2）　強度の設計値　13
　　（3）　応力－ひずみ曲線，ヤング係数およびポアソン比
　　　　　15

　　　　(4)　引張軟化特性　*16*
　　　　(5)　熱特性　*17*
　　　　(6)　収縮　*18*
　　　　(7)　クリープ　*21*
　　　　(8)　その他の特性値　*22*
　　2.2　鋼材 …………………………………………………*22*
　　　　(1)　鉄筋の種類および寸法　*22*
　　　　(2)　強度　*23*
　　　　(3)　応力－ひずみ曲線，ヤング係数およびポアソン比
　　　　　　24

第3章　荷重とその設計値

　　3.1　荷重の種類 …………………………………………*25*
　　　　(1)　作用状態の時間的差異による分類　*25*
　　　　(2)　死荷重　*25*
　　　　(3)　活荷重　*26*
　　　　(4)　土圧　*26*
　　　　(5)　水圧，流体力および波力　*26*
　　　　(6)　風荷重　*27*
　　　　(7)　雪荷重　*27*
　　　　(8)　コンクリートの収縮およびクリープの影響　*27*
　　　　(9)　温度の影響　*28*
　　　　(10)　地震の影響　*28*
　　3.2　道路橋に作用する活荷重 ……………………………*28*
　　　　(1)　道路橋示方書の活荷重　*28*
　　　　(2)　床版および床組を設計する場合の活荷重　*28*
　　　　(3)　主げたを設計する場合の活荷重　*29*
　　　　(4)　下部構造を設計する場合の活荷重　*31*
　　3.3　荷重の設計値 ………………………………………*31*
　　　　(1)　設計荷重　*31*
　　　　(2)　設計断面力　*31*

第4章 鉄筋コンクリート部材の力学的挙動

4.1 軸方向力を受ける部材のひずみと応力度 …………33
 (1) ひずみと応力度　33
 (2) ヤング係数と断面　34
4.2 曲げを受ける部材の応力度 ……………………………35
 (1) 平面保持の仮定　35
 (2) 曲げ応力と断面二次モーメント　36
 (3) 軸力の釣合いと断面一次モーメント　38
 (4) 鉄筋およびコンクリートの応力度　39
4.3 偏心軸方向力を受ける部材の応力度 ………………46
 (1) 偏心軸方向力で生じる断面力　46
 (2) 断面のコア　46
 (3) 相互作用図　48
4.4 せん断力の作用 …………………………………………48
 (1) モーメントの不釣合いとせん断力　48
 (2) せん断応力度と主応力　52
 (3) はりの主応力とひび割れ　53
4.5 鉄筋コンクリートはりの挙動 …………………………53
 (1) 試験体の条件　54
 (2) ひずみ分布と中立軸の変化　54
 (3) ひび割れ発生モーメント　56
 (4) 鉄筋およびコンクリートの応力度　57
 (5) ひび割れ発生状況　58
 (6) たわみ　59

第5章 安全性に関する照査

5.1 設計応答値と安全性の照査 ……………………………61
 (1) 一般　61
 (2) 設計断面力と設計断面耐力　61

　　　　(3)　照査の方法　　62
5.2　設計断面耐力算定の仮定 ……………………………62
5.3　曲げモーメントおよび軸方向力に対する安全性の照
　　　査 ………………………………………………………64
　　　(1)　曲げを受ける部材　　64
　　　(2)　偏心軸方向圧縮力を受ける部材　　66
　　　(3)　中心軸方向圧縮力を受ける部材（柱）　　69
　　　(4)　軸方向耐力と曲げ耐力の関係　　72
5.4　せん断力に対する安全性の照査 ……………………74
　　　(1)　せん断力による破壊とせん断補強　　74
　　　(2)　棒部材の設計せん断耐力　　76
　　　(3)　面部材の設計押抜きせん断耐力　　79
5.5　剛体の安定に対する安全性の照査 …………………80

第6章　使用性に関する照査

6.1　使用性の照査と設計応答値 …………………………81
　　　(1)　一般　　81
　　　(2)　設計応答値　　82
　　　(3)　照査の方法　　83
6.2　耐久性とかぶり ………………………………………83
　　　(1)　環境作用　　83
　　　(2)　かぶりの最小値　　84
6.3　曲げひび割れ幅とその限界値 ………………………85
　　　(1)　曲げひび割れと付着応力　　85
　　　(2)　曲げひび割れ幅　　86
　　　(3)　鉄筋腐食に関するひび割れ幅の限界値　　87
6.4　鉄筋腐食に対する照査 ………………………………88
　　　(1)　塩害に対する照査　　88
　　　(2)　中性化に対する照査　　89
6.5　外観に対する照査 ……………………………………90
6.6　水密性に対する照査 …………………………………90

6.7　変位・変形量に対する照査 …………………………………… 91
　　(1)　使用性としての変位・変形　*91*
　　(2)　部材の変位・変形の応答値　*92*

第7章　疲労破壊に関する照査

7.1　変動荷重とその応力度 …………………………………… *95*
　　(1)　疲労破壊　*95*
　　(2)　変動荷重とその作用回数　*95*
　　(3)　変動応力　*96*
7.2　設計疲労強度 ……………………………………………… *97*
　　(1)　疲労限界図　*97*
　　(2)　グッドマン線図　*98*
　　(3)　鉄筋の設計疲労強度　*98*
　　(4)　コンクリートの設計疲労強度　*99*
　　(5)　スラブの設計押抜きせん断疲労耐力　*101*
7.3　疲労破壊の照査 …………………………………………… *101*
　　(1)　マイナー則　*101*
　　(2)　等価繰返し回数　*102*
　　(3)　照査方法　*103*

第8章　耐震性に関する照査

8.1　耐震設計一般 ……………………………………………… *105*
8.2　耐震設計法と設計地震動 ………………………………… *106*
　　(1)　耐震設計法　*106*
　　(2)　設計地震動　*107*
　　(3)　地震の影響　*107*
　　(4)　震度法に用いる設計水平震度　*108*
8.3　構造物の耐震設計と耐震性能 …………………………… *110*
　　(1)　地震力を受ける部材の変形性状　*110*
　　(2)　限界値の算定　*111*

(3) 耐震性能とその限界値　*112*

　8.4　耐震性の照査 ……………………………………………… *113*

　　　(1) 耐震性能の照査　*113*
　　　(2) 耐震性能1に対する照査　*113*
　　　(3) 耐震性能2に対する照査　*114*
　　　(4) 耐震性能3に対する照査　*115*

第9章　はり，柱およびスラブの設計

　9.1　はり ……………………………………………………… *117*

　　　(1) 一般　*117*
　　　(2) スパン　*117*
　　　(3) T形ばりの圧縮突縁の有効幅　*117*
　　　(4) 連続ばりの曲げモーメント　*119*
　　　(5) 構造細目　*120*

　9.2　柱 ………………………………………………………… *120*

　　　(1) 一般　*120*
　　　(2) 細長比　*121*
　　　(3) 帯鉄筋柱　*121*
　　　(4) らせん鉄筋柱　*121*
　　　(5) 鉄筋の継手　*122*

　9.3　スラブ …………………………………………………… *122*

　　　(1) 一般　*122*
　　　(2) スラブの構造解析　*123*
　　　(3) 作用断面力に対する検討　*124*
　　　(4) 配筋　*126*

第10章　一般構造細目

　10.1　一般 …………………………………………………… *129*
　10.2　鉄筋のかぶり ………………………………………… *129*
　10.3　鉄筋のあき …………………………………………… *131*

10.4　鉄筋の配置 ………………………………… *132*
　　(1)　軸方向鉄筋の最大，最小鉄筋比　*132*
　　(2)　横方向鉄筋　*132*
10.5　鉄筋の定着と曲げ形状 …………………… *133*
　　(1)　一般　*133*
　　(2)　標準フック　*133*
　　(3)　鉄筋の定着長　*134*
　　(4)　軸方向鉄筋の定着　*135*
　　(5)　横方向鉄筋の定着　*136*
　　(6)　折曲鉄筋，その他　*136*
10.6　鉄筋の継手 ………………………………… *137*
　　(1)　一般　*137*
　　(2)　軸方向鉄筋の重ね継手　*137*
　　(3)　横方向鉄筋の継手　*138*
10.7　用心鉄筋および補強のための鉄筋配置 ……… *139*
　　(1)　一般　*139*
　　(2)　露出面の用心鉄筋　*139*
　　(3)　集中反力を受ける部分の補強　*139*
　　(4)　開口部周辺の補強　*139*

演習問題 ……………………………………… *141*
付録　鉄筋コンクリート倒立Ｔ形擁壁の設計例 …… *165*
　　　1.設計条件／2.形状寸法／3.安定計算／4.使用状態における剛体安定／5.たて壁の設計／6.つま先部の設計／7.かかと部の設計／8.構造細目
資料 …………………………………………… *202*
索引 …………………………………………… *205*

第1章 鉄筋コンクリート設計法

1.1 鉄筋コンクリートの設計

(1) 鉄筋コンクリートの原理

鉄筋コンクリート(reinforced concrete)は,フランスの植木職人Joseph Monierが鉄網入り植木鉢(1867年)をつくったのが始まりといわれている.鉄筋コンクリートは,コンクリート断面に鉄筋を配置し,両者が一体となって外力に抵抗させるもので,最も一般的なコンクリート構造形式である.原則として,圧縮力はコンクリートが,引張力は鉄筋が分担するように設計するが,柱の場合は断面の縮小とじん性を付与するために,圧縮力の一部を鉄筋にも負担させる.

(2) 鉄筋コンクリートの成立

鉄筋コンクリートは,次のような各素材相互の合理的な複合作用により成り立っている.

① コンクリートと鉄筋の熱膨張係数はほぼ等しい(熱膨張係数:コンクリートは$6\sim13\times10^{-6}/℃$で平均$10\times10^{-6}/℃$,鉄筋は$10\sim12\times10^{-6}/℃$).したがって,両者は温度変化に対して同等の挙動を示し,ずれ応力を無視できる.

② セメントの水和反応によって大量の水酸化カルシウムが生成され,コンクリートはアルカリ性(pH12〜13)を呈するので,緻密なコンクリート中の鉄筋は錆びない.

③ 鉄筋のコンクリートとの付着強度は,通常の部材に生じる付着応力に比べて十分に大きい.ただし,鉄筋端の定着部には大きな付着応力を生じるので,

一般にフックを設けて機械的に引抜力に抵抗させる．

1.2　設計法の変遷

鉄筋コンクリートは，非弾性材料であるコンクリートと，降伏点までは弾性挙動をする鉄筋とが一体となって働くから，荷重の各段階においてそれぞれの材料に生じる応力度を正確に算定することはきわめて煩雑で，実用設計には馴染まない．しかし，鉄筋コンクリートの設計理論が発表（オーストリア，Koenen，1887年）されて以来，計算の簡易性，安全性，合理性を追求しつつ，種々の設計法が提案されてきた．設計法の主要な流れは，①許容応力度設計法（working stress design）に始まり，②終局強度設計法（ultimate strength design）を経て，③限界状態設計法（limit state design）に移行しており，それぞれの設計法の概要は次のとおりである．

（１）　許容応力度設計法

鉄筋コンクリート設計理論の開発初期においては，コンクリートの塑性変形を考慮し，はりの圧縮側コンクリートの応力分布を放物線または台形と仮定して曲げ強度の計算が試みられた．しかし，この方法は計算が煩雑であるため，数学的単純化を目的として，コンクリートおよび鉄筋を弾性体と仮定する許容応力度設計法が提案され，広く用いられるようになった．わが国に鉄筋コンクリートが導

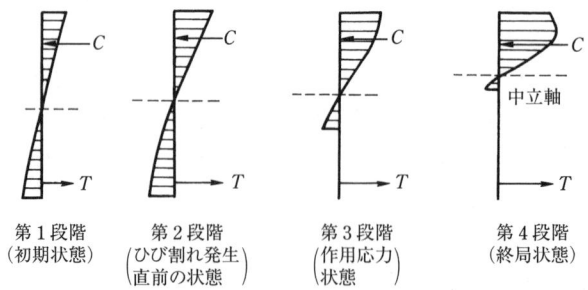

図1.1　鉄筋コンクリート曲げ部材におけるコンクリートの応力分布と鉄筋の引張応力（C：コンクリートの全圧縮応力，T：鉄筋の全引張応力）

入されたのは 1895 年であって，許容応力度設計法が取り入れられ，その後終局強度設計法と組み合せて用いられてきた．

許容応力度設計法は，図 1.1 に示す曲げ部材の各荷重段階における応力状態のうち，第 3 段階（作用応力状態）に準拠している．すなわち，引張側のコンクリート断面はひび割れが発生した状態であり，コンクリートの引張抵抗は無視することになる．しかし，終局時（第 4 段階）の応力状態は単に第 3 段階を比例的に拡大したものでなく，コンクリートの圧縮応力分布形などが相違するので，許容応力度設計法では部材の破壊に対する安全性を確認できない欠点がある．

（2） 終局強度設計法

構造物の設計において，断面破壊の安全性の照査は最も重要な事項である．そのため，コンクリートの塑性を考慮し，図 1.1 の第 4 段階に準拠した終局強度設計法が，許容応力度設計法に代わって大多数の国で採用されてきた．わが国の土木構造物の設計基準としてもこれが採用されてきた実績があり，日本道路協会『道路橋示方書』等では，設計荷重作用時の安全性は許容応力度設計法により，終局荷重作用時の安全性は終局強度設計法によって照査することを原則とすることが規定されてきた．

（3） 限界状態設計法

限界状態設計法（limit state design）は，ヨーロッパコンクリート委員会（CEB）が 1964 年に提唱したもので，使用状態，終局状態などの限界状態（limit state）を設定し，想定する限界状態に応じて作用荷重，安全係数，計算方法などを合理的に定めて安全性を照査する方法である．使用状態は図 1.1 の第 3 段階に準拠して主にひび割れ，たわみ等について，終局状態は第 4 段階に準拠して部材断面の耐力について安全性を検討するものである．

許容応力度設計法および終局強度設計法では，安全率をそれぞれ許容応力度および荷重係数として考慮し，他の不確定要素（計算方法の不確実性や施工誤差など）をすべてこれに含ませる大まかなものとなっているが，限界状態設計法では，荷重に対する安全率，材料強度に対する安全率，計算方法に対する安全率などに細分化した部分安全係数を設定して合理性を高めている．

わが国では，土木学会『コンクリート標準示方書』（以降，土木学会示方書と記す）が1986年から限界状態設計法を導入しており，日本道路協会『道路橋示方書』でもこの設計法を採用することが検討されている．現在，一部で許容応力度設計法が用いられているが，多くの設計基準は限界状態設計法に移行しつつあるので，本書では限界状態設計法を中心に解説する．

1.3　許容応力度設計法および終局強度設計法の特徴

(1)　許容応力度設計法

1)　コンクリートの応力－ひずみ曲線は，図1.2に示すように完全な弾性体ではないが，応力の小さな範囲では応力とひずみが比例関係にあるものと仮定する．鉄筋は降伏点近傍まで応力とひずみが比例関係にある．

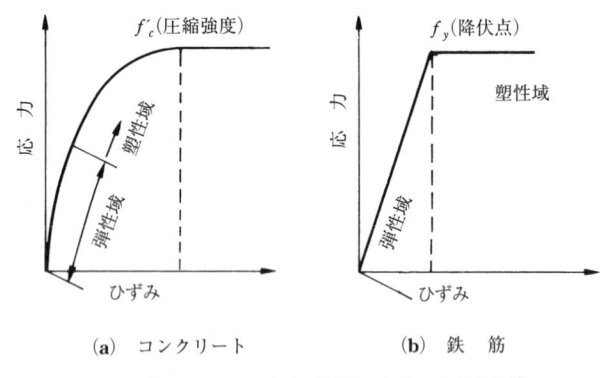

(a)　コンクリート　　(b)　鉄　筋

図1.2　コンクリートおよび鉄筋の応力－ひずみ曲線

2)　荷重作用時におけるコンクリートおよび鉄筋の応力度は弾性域にあるので，鉄筋コンクリートも一般の弾性複合材料とほぼ同様に取り扱うことができ，弾性設計法とも呼んでいる．許容応力度設計法においては，コンクリートに対する鉄筋のヤング係数比 $n = E_s/E_c = 15$ と仮定する．

3)　荷重によってコンクリートおよび鉄筋に生じる応力度を弾性理論によって計算し，それぞれの材料強度を安全率で除して求めた許容応力度よりも小さいことを確かめる．この方法によって，荷重作用時における応力度の材料強度に対す

る余裕の程度を知ることができる．

4) しかし，図1.1に示したように，第4段階（終局時）の応力状態は第3段階（許容応力度設計法で準拠している応力状態）を単に比例的に拡大したものでなく，中立軸位置は上昇し，コンクリートの応力分布は三角形から長方形に近い形状に変化し，応力状態はまったく相違するので，許容応力度設計法によっては破壊に対する安全性を確かめることはできない．

5) 許容応力度設計法は弾性理論に基づいているので，計算式の誘導がきわめて容易かつ明快である．そして，許容応力度を定めるための安全率を，コンクリートに対して3程度，鉄筋に対して1.7～2程度とし，現場製造のコンクリートと工場製品としての鋼材に対する信頼度の差が設計に反映されている．また，部材の破壊が鉄筋の降伏によって延性的に生じるよう配慮されている．鉄筋の許容応力度は，①その強度を基準とするだけでなく，②腐食に対して有害なひび割れ幅や③耐疲労性を考慮して定められている．したがって，鉄筋の許容応力度を適切に選定することにより，簡易に部材の耐久性や耐疲労性を満足するよう設計することができる．

（2） 終局強度設計法

1) 終局強度設計法は，図1.2の材料の塑性域を含む全応力範囲を考慮し，図1.1の第4段階の応力状態に準拠するものであるから，塑性設計法とも呼ばれている．

2) 荷重に荷重係数（安全率）を乗じて求めた荷重の設計値を用い，部材断面に作用する断面力（曲げモーメント，せん断力など）を計算し，それが材料強度を用いて算定した断面耐力より小さいことを照査する．

荷重係数は，死荷重や活荷重などの荷重の種類に応じて安全度を変えられるという合理性があり，荷重係数の導入により所要の破壊安全度を有する部材を設計することができるので，荷重係数設計法とも呼んでいる．

3) 終局強度設計法によって部材の終局耐力を求めることはできるが，作用荷重下の情報はまったく得られない．したがって，作用荷重によるたわみ，ひび割れ幅，応力等が必要な場合は，別途に計算する．

1.4 限界状態設計法

本書で対象とする限界状態設計法の概要を以下に示す．

(1) 安全係数

1) 許容応力度設計法は作用応力状態の許容応力度に対して，終局強度設計法は断面破壊の終局状態の荷重に対して安全性を検討する．これに対し，限界状態設計法では，種々の限界状態に対して安全性を照査する．安全係数は，材料強度，部材の種類，荷重，構造解析，構造物の破壊による社会的影響の大きさなどに細分化した，いわゆる部分安全係数を設定する．それぞれの係数の意味は次のとおりである．

① 材料係数 γ_m ——材料強度の特性値からの望ましくない方向への変動，供試体と構造物中との材料特性の差異，材料特性が限界状態に及ぼす影響などを考慮する係数である．材料強度の特性値 f_k を材料係数 γ_m で除して，設計強度 f_d を定める．材料の設計強度 f_d から断面耐力 $R(f_d)$ を求める．

② 部材係数 γ_b ——部材耐力の計算上の不確実性，部材寸法のばらつきの影響，部材の重要度を考慮する係数である．断面耐力 $R(f_d)$ を部材係数 γ_b で除して設計断面耐力 R_d を求める．

③ 荷重係数 γ_f ——荷重の特性値からの望ましくない方向への変動，荷重の算定方法の不確実性，設計耐用期間中の荷重の変化，荷重の特性が限界状態に及ぼす影響などを考慮する係数である．荷重の特性値 F_k に荷重係数 γ_f を乗じて設計荷重 F_d を定める．設計荷重 F_d を組み合せて断面力 $S(F_d)$ を求める．

④ 構造解析係数 γ_a ——応答値算定時の構造解析の不確実性を考慮する係数である．断面力 $S(F_d)$ に構造解析係数 γ_a を乗じて設計断面力 S_d を定める．

⑤ 構造物係数 γ_i ——構造物の重要度，限界状態に達したときの社会的影響を考慮する係数である．

2) 安全性の検討における設計断面耐力 R_d と，設計断面力 S_d の計算の流れにおける部分安全係数 γ の関わりを，図1.3に示す．材料強度の特性値 f_k に基づく

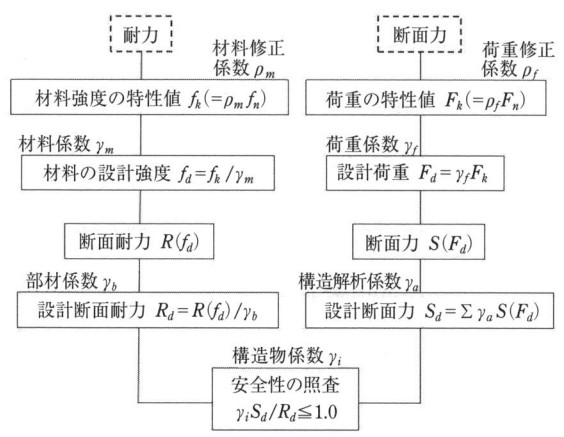

図 1.3 安全性の照査の流れと安全係数

設計断面耐力 R_d に対する作用荷重の特性値 F_k に基づく設計断面力 S_d の比に，構造物係数 γ_i を乗じた値が 1.0 よりも小さいことを確認することによって安全性を確かめる．

（2） 設 計 値

設計に用いる材料強度または荷重の大きさは，特性値，規格値または公称値に基づいて設計値を定める．材料強度の特性値 f_k は，試験値のばらつきを考慮し，すなわち統計的にその値を下まわることがきわめて少ないことが保証される値であり，コンクリートの場合，設計基準強度 f'_{ck} と同じ値である．荷重の特性値 F_k は，構造物の施工中および設計耐用期間（design service life）中に生じる最大荷重（小さいほうが不利な場合は最小値）の期待値とする．

また，材料強度および荷重について規格値または公称値を用いる場合，これらの特性値は，規格値または公称値を修正係数 ρ によって変換して使用する．

① 材料修正係数 ρ_m ——材料強度の特性値と規格値との相違を考慮して定める．

② 荷重修正係数 ρ_f ——荷重の特性値と規格値または公称値との相違を考慮して定める．

(3) 限界状態性能

限界状態設計法は，設定した限界状態における性能を照査することが基本であるので，性能照査型設計法と同義で扱われる（（5）参照）．

一般に耐久性，安全性，使用性，耐震性に対して限界状態を設定し，それぞれの性能は次のようである．

① 耐久性は，構造物に用いた材料が環境作用によって劣化や変状を設計耐用期間にわたって生じない，あるいは構造物の性能を低下させない軽微な範囲にとどまるように設計することである．耐久性は，ⓐ鋼材の腐食およびⓑコンクリートの劣化について考慮する．鋼材の腐食に対する照査は，ひび割れ幅，中性化，塩害について行う．また，コンクリートの劣化に対する照査は，凍害および化学的侵食について行う．

② 安全性は，構造物の断面破壊（応力状態は，終局強度設計法と同じで，図1.1の第4段階），あるいは安定の限界状態に至らないことである．断面破壊は，構造物に作用する荷重がその耐荷能力を超える場合，および変動荷重の繰返し作用（橋梁における自動車荷重あるいは海洋構造物における波浪など）によって材料が疲労破壊を生じる場合がある．疲労限界に至ると，材料は弾性状態から突然にぜい性的な破壊を生じるので（図1.1の第3段階が終局状態となる），一般の断面破壊の限界状態とは別に検討する．

③ 使用性は，曲げひび割れなどの外観，振動，たわみ，水密性などについて照査する（応力状態は，許容応力度設計法と同じで，図1.1の第3段階）．

④ 耐震性は，ⓐ地震時の構造物の安全性とⓑ地震後の使用性や復旧性について照査する．

(4) 安全性の照査

構造物または部材の安全性の照査は，性能項目に対する設計限界値 R_d を定め，設計荷重に対する構造物等の設計応答値 S_d を求め，構造物係数 γ_i を考慮した式(1.1)を満足することで判定する．

$$\gamma_i \cdot \frac{S_d}{R_d} \leqq 1.0 \tag{1.1}$$

1.4 限界状態設計法

表 1.1 標準的な安全係数の値

安全係数 要求性能(限界状態)		材料係数 γ_m		部材係数 γ_b	構造解析 係数 γ_a	荷重係数 γ_f	構造物 係数 γ_i
		コンクリート γ_c	鋼材 γ_s				
安全性(断面破壊)*1		1.3	1.0 または 1.05	1.1～1.3	1.0	1.0～1.2	1.0～1.2
安全性(断面破 壊・崩壊)*2 耐震性能Ⅱ・Ⅲ*2	応答値	1.0	1.0	—	1.0～1.2	1.0～1.2	1.0～1.2
	限界値	1.3	1.0 または 1.05	1.0, 1.1～1.3	—	—	
安全性(疲労破壊)		1.3	1.05	1.0～1.1	1.0	1.0	1.0～1.1
使用性*1, 耐震性能Ⅰ*1		1.0	1.0	1.0	1.0	1.0	1.0

(注) *1 線形解析を用いる場合   *2 非線形解析を用いる場合

(5) 性能照査と限界状態設計法

最近の構造設計や規格・規定類は，性能設計（performance based design）あるいは性能規定（performance criterion）が重視されてきている．これは，従来からは使用材料の強度，形状，寸法などの仕様に基づいた設計が行われてきた（仕様規定）が，今後は構造物等に求められる性能に基づいた設計に移行することを意味している．

このような性能規定化は，社会に対する説明性が高いこと，国際的な技術標準との整合性が得られやすいこと，技術開発や技術の進歩を図りやすいことなど，今日の社会的要求に応える方法である．

性能設計においては，構造物等を必要とする理由から建設および設計の目的が示される．この目的を達成するため，構造物等の機能または働きを発揮するための耐力や耐久性などの性能項目があげられる．実際に構造物等を設計するにあたっては，機能を発揮するための要求性能（required performance）を定量的に明示しなければならない．そして，設計された構造物等の保有する性能が，要求性能を満足していることを照査する工程も必要となる．このように構造物に要求される性能を明確にして，これを満足するように設計を行った結果が要求性能を満たしていることを照査するプロセスを，性能照査型設計と呼ぶ．

性能設計は，設計対象構造物が，施工中および想定する設計耐用期間にわたって，構造物に関わる人命および財産を脅かすことがないという安全性の確保（終局状態），構造物を快適に供用できる機能の確保（使用状態）など，構造物が要

求性能を満足しなくなる限界状態に対する照査指標を設定することになるので，性能照査には限界状態設計法が用いられる．

第2章 材料の特性と設計値

2.1 コンクリート

(1) 強度の特性値

1) 強度の特性値は,試験値のばらつきを考慮したうえで,ほとんどすべての試験値がその値を下回らないこと(統計学的には,その値を下回る確率が5%であること)が保証される値であって,式(2.1)で与えられる.このため,コンクリート強度の特性値には,設計基準強度を用いてよい.

$$f_k = f_m - k\sigma = f_m(1-\delta) \tag{2.1}$$

ここに,f_m:試験値の平均値(N/mm^2),σ:試験値の標準偏差(N/mm^2),δ:試験値の変動係数($\delta = \sigma/f_m$),k:正規偏差(コンクリート強度は正規分布することが認められており,不良率$p=5\%$の場合,$k=1.64$)(図2.1).

2) 式(2.1)の試験値の平均値は,本来構造体におけるコンクリートの強度を指している.しかし,実際上不可能であるから,一般に打込み直前のコンクリートから試料を採取し,JIS A 1132 および JIS A 1108 に従って,$\phi 15 \times 30\,cm$(または$\phi 10 \times 20\,cm$)の円柱供試体をつくり,標準養生(20℃水中養生)を行い,材齢28日で試験した圧縮強度の値を用いている.したがって,試験値と構造物におけるコンクリートの実強度との間には,種々の要因による差異が生じるので,

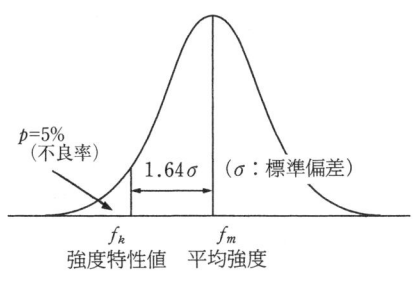

図2.1 コンクリート強度の分布

設計上以下のように対処している.

a. 打込み,締固め等の現場作業が含まれない影響

供試体強度の平均値やばらつきに,これらの現場作業の影響が反映していないので,強度に対する安全係数(材料係数)で考慮する.

b. 現場養生と標準養生の相違の影響

現場コンクリートの強度増進は一般に標準養生を行った供試体に比べて遅いが,構造物に設計荷重が作用する材齢は数か月から1年以上となるから,その時点では一般に標準養生の材齢28日強度を上回ることが認められている.しかし,これを著しく上回るような現場養生条件は期待できないので,標準養生供試体の材齢28日の圧縮強度を基準としてよいのである.図2.2は,標準養生および現場養生強度の増進状況を模式的に示したものである.

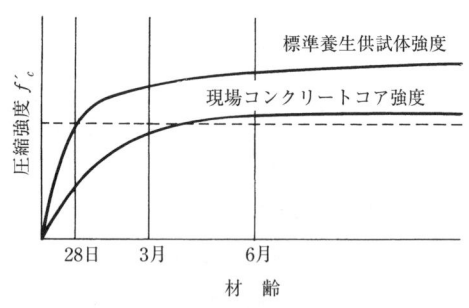

図2.2 標準養生供試体強度と現場コンクリート強度の増進状況

マッシブな構造物の場合は,良好な養生条件が期待できるので,材齢91日強度を設計基準強度としてよいが,満足な養生が期待できない場合や早期に供用される場合(工場製品など)には,28日以前の短期材齢の強度を基準としなければならない.

c. 供試体寸法の影響

材料の強度は,一般に試験する供試体の寸法が大きいほど減少するという寸法効果がある.通常強度のコンクリートに関する既往の実験結果によれば,$\phi 15 \times 30$ cm の円柱供試体の強度に比べ,$\phi 45 \times 90$ cm の強度は 0.80〜0.85 程度に減少する.このような影響は,部材の設計における圧縮側コンクリートの終局強度の低減係数として考慮されている.高強度コンクリートの場合,この低減係数はさらに減少させる((3)参照).

d. 供試体端面の摩擦による横拘束の影響

圧縮試験におけるコンクリート供試体の端面は,加圧盤との間の摩擦による横

拘束を受けている．この結果，高さが直径の2倍の供試体においては，拘束による強度の増大はそれほど大きくないが，圧縮強度 15〜50 N/mm² の場合は 0〜10% 大きくなる．

これらのことを考慮して，構造物におけるコンクリートの圧縮強度を表すのに，高強度コンクリートの場合も含めて，コンクリートの終局圧縮強度は，円柱供試体強度に低減係数 k_1 ＝約 0.75〜0.85 を乗じている．

3) JIS A 5308 に適合するレディーミクストコンクリートを用いる場合，購入者が指定する呼び強度の規格値を，一般に圧縮強度の特性値（または設計基準強度）f'_{ck} としてよい．これは，圧縮強度の変動係数が 10% 程度以下の場合，呼び強度から配合強度を定める場合の割増し係数が，圧縮強度の特性値から配合強度（予想される現場コンクリートの平均強度 f'_{cm}）を定める場合の安全係数（$\gamma = f'_{cm}/f'_{ck}$）とほぼ等しいからである．なお，圧縮強度の特性値（または設計基準強度）の対象範囲は，土木学会示方書では 18〜80 N/mm² としている．

（2） 強度の設計値

次に示す設計強度は，f'_{ck} が 20〜50 N/mm² 程度の普通コンクリートに対して求められたものであるが，80 N/mm² 程度以下のコンクリートに適用できる．骨材の全部に軽量骨材を用いたコンクリートの場合，引張強度，付着強度および支圧強度は，普通骨材の場合の 70% とする．

コンクリートの材料係数 γ_c は，断面破壊の限界状態等の照査においては 1.3（$f'_{ck} \leq 80$ N/mm²），使用状態の照査においては 1.0 としてよい．

a. 圧縮強度および引張強度

コンクリートの各種の設計強度 f_d は，圧縮強度の特性値を基準として定める．

設計圧縮強度　　$f'_{cd} = \dfrac{f'_{ck}}{\gamma_c}$　（N/mm²）　　　　　　　　　　(2.2)

設計引張強度　　$f_{td} = \dfrac{f_{tk}}{\gamma_c} = \dfrac{0.23 f'^{2/3}_{ck}}{\gamma_c}$　（N/mm²）　　　　(2.3)

b. 付着強度

JIS G 3112「鉄筋コンクリート用棒鋼」の規定を満足する異形鉄筋に対して，次のとおりとする．

設計付着強度　$f_{bod} = \dfrac{f_{bok}}{\gamma_c} = \dfrac{0.28 f_{ck}'^{2/3}}{\gamma_c}$　(N/mm^2) (2.4)

ただし, $f_{bok} \leq 4.2$ N/mm^2

普通丸鋼の場合には異形鉄筋の40%とし，鉄筋端部に半円形のフックを設けなければならない．

c. 支圧強度

設計支圧強度　$f_{ad}' = \dfrac{f_{ak}'}{\gamma_c} = \dfrac{\eta \cdot f_{ck}'}{\gamma_c}$　(N/mm^2) (2.5)

ただし，$\eta = \sqrt{\dfrac{A}{A_a}} \leq 2$

ここに, A：コンクリート面の支圧分布面積（mm^2），A_a：支圧を受ける面積（mm^2）．A は A_a と図心が一致し，A_a からコンクリートの縁辺に接して対称にとった面積とする．

d. 曲げひび割れ強度

設計曲げひび割れ強度　$f_{bcd} = \dfrac{f_{bck}}{\gamma_c} = \dfrac{k_{0b} k_{1b} f_{tk}}{\gamma_c}$　(N/mm^2) (2.6)

ただし，$k_{0b} = 1 + \dfrac{1}{0.85 + 4.5(h/l_{ch})}$　　$k_{1b} = \dfrac{0.55}{\sqrt[4]{h}} \geq 0.4$

ここに，k_{0b}：コンクリートの引張軟化特性に起因する引張強度と曲げ強度の関係を表す係数，k_{1b}：乾燥，水和熱など，その他の原因によるひび割れ強度の低下を表す係数，h：部材の高さ（≥ 0.2）(m)，l_{ch}：特性長さ (m)（(4)参照）．

コンクリートの曲げ強度は，供試体寸法に依存性があるので特性値として認められないが，曲げひび割れ発生を検討するための利便性から，曲げひび割れ強度（弾性式による）が規定されている．土木学会示方書では，曲げ強度の寸法依存性を(4)に示す引張軟化特性に起因するものとしている．そして，引張強度に対する曲げ強度の比 k_{0b} は，破壊エネルギーから誘導される特性長さ l_{ch} に対する供試体の高さ h の比 (h/l_{ch}) に支配される．曲げ強度は，はりの高さが大きくなるほど引張強度に近づく．

(3) 応力-ひずみ曲線,ヤング係数およびポアソン比

1) 限界状態の照査の目的に応じて,コンクリートの応力-ひずみ曲線を仮定する.使用状態の検討においては,コンクリートを弾性体とみなし,ヤング係数を表2.1に示す値とする.

表2.1 コンクリートのヤング係数

f'_{ck} (N/mm²)		18	24	30	40	50	60	70	80
E_c (kN/mm²)	普通コンクリート	22	25	28	31	33	35	37	38
	軽量骨材コンクリート*	13	15	16	19	-	-	-	-

(注) * 骨材を全部軽量骨材とした場合.

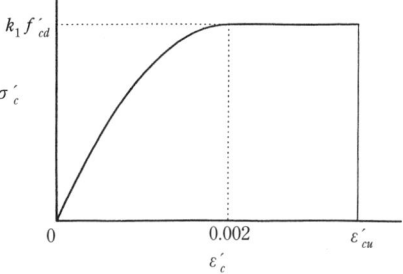

図2.3 コンクリートの設計用応力-ひずみ曲線

2) ポアソン比は,弾性範囲において0.2とする.ただし,引張りを受け,ひび割れを許容する場合は0とする.

3) 断面破壊の限界状態に対する照査においては,図2.3に示すモデル化された応力-ひずみ曲線を用いる.曲線部の応力-ひずみ式は式(2.7)とする.

$$\sigma'_c = k_1 f'_{cd} \times \frac{\varepsilon'_c}{0.002} \times \left(2 - \frac{\varepsilon'_c}{0.002}\right) \qquad (2.7)$$

ただし,$k_1 = 1 - 0.003 f'_{ck} \leq 0.85$

$$\varepsilon'_{cu} = \frac{155 - f'_{ck}}{3\,000} \qquad 0.0025 \leq \varepsilon'_{cu} \leq 0.0035$$

ここに,σ'_c:圧縮応力度 (N/mm²),ε'_c:圧縮ひずみ,k_1:終局強度の低減係数,ε'_{cu}:終局ひずみ.

軽量骨材コンクリートの場合も式(2.7)を用いてよい.

4) コンクリートの強度が大きくなると,部材耐力から逆算した強度と円柱供試体強度との差が大となること,および破壊がぜい性的になることを考慮して,図2.4に示すように,強度の特性値が50 N/mm²以上,80 N/mm²以下の範囲で低減係数k_1を0.85〜0.76に,終局ひずみε'_{cu}を0.0035〜0.0025に低減すること

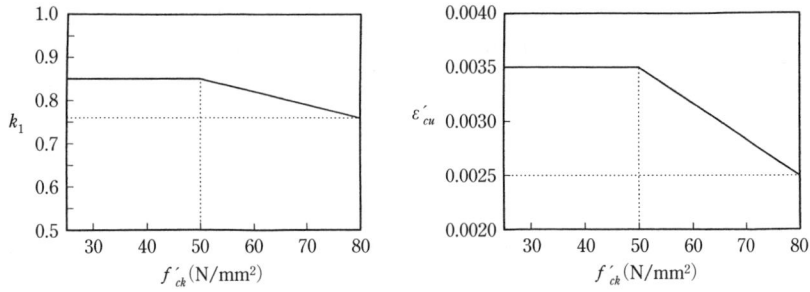

図 2.4 設計基準強度による終局強度の低減係数および終局ひずみの変化

にしている.

(4) 引張軟化特性

1) コンクリートに一軸引張荷重を加えた場合に最大荷重を超えると,あるいは曲げが作用する場合のひび割れの先端部分には,マイクロクラックが発生(破壊進行領域)し,これが連続して巨視的なひび割れに進展する(仮想ひび割れ理論).これを,ひび割れ発生前の応力-ひずみ関係と,ひび割れ発生後の引張応力度と開口変位を組み合せて,モデル的に図 2.5 に示す.ひび割れ面を

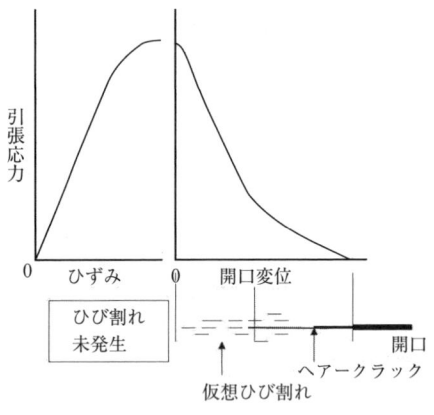

図 2.5 ひび割れ発生前後の引張応力と変位の関係

介して伝達される引張応力度は,最大値に達した後,変形の増大とともに減少し,これを引張軟化特性という.すなわち,引張軟化特性は,仮想ひび割れ状態から完全開口に至る過程で,ひび割れ面を介して伝達される引張応力度の変化を示すものである.

2) 引張縁に切欠きを設けたコンクリートはり供試体の 3 点曲げによる載荷中の載荷点変位(LPD)もしくはひび割れの開口変位(CMOD)をはりが崩落するまで測定すれば,破壊エネルギーを得ることができる.

3) 破壊エネルギーの試験値 G_F は，圧縮強度 f'_{ck} および粗骨材の最大寸法 d_{max} が大きいほど大となり，式(2.8)で表される．

$$G_F = 10(d_{max})^{1/3} f'_{ck}{}^{1/3} \quad (\text{N/m}) \tag{2.8}$$

4) 引張応力度とひび割れ幅との関係は曲線を描くが，これを 2 直線で近似した 1/4 モデルによる引張軟化曲線を図 2.6 に示す．この曲線と座標軸で囲まれた面積は，単位面積のひび割れを形成するのに要するエネルギーに等しい．

5) ひび割れ発生後の応力－伸び関係の傾きに対する弾性域の応力－ひずみ関係の傾きの比は式(2.9)で示され，コンクリートの引張りに対する伸びの程度を

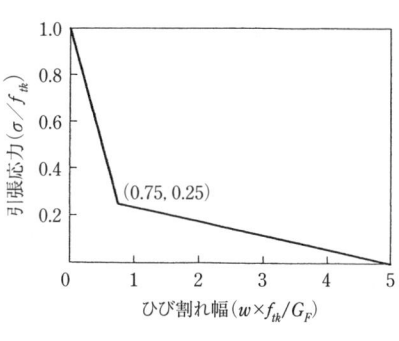

図2.6 引張軟化曲線

表す指標となる．これは長さの次元を有することから，特性長さと呼ばれている．

$$l_{ch} = \frac{G_F E_c}{f_{tk}^2} \quad (\text{m}) \tag{2.9}$$

ここに，E_c：ヤング係数（N/mm²），G_F：破壊エネルギー（N/m），f_{tk}：引張強度の特性値（N/mm²）．

特性長さは，セメントペーストでは 0.005～0.015 m，モルタルでは 0.1～0.2 m，コンクリートでは 0.2～0.4 m 程度である．特性長さが小さいほどぜい性的であることを示す．

(5) 熱 特 性

1) コンクリートの熱膨張係数，熱伝導率，熱拡散率および比熱は，コンクリート体積の約 70% を占める骨材の特性に大きく影響され，さらに同じ配合のコンクリートでは，その含水の程度に影響を受ける．

2) 普通コンクリートの熱特性値は，表 2.2 に示す値を用いてよい．

熱拡散率，熱伝導率および比熱の間には，密度を介して式(2.10)の関係がある．

表2.2 コンクリートの熱的特性

熱伝導率	9.2 kJ/mh℃
比　　熱	1.05 kJ/kg℃
熱拡散率	0.003 m²/h

$$h_c^2 = \frac{\lambda_c}{C_c \rho} \tag{2.10}$$

ここに，h_c^2：熱拡散率（m^2/h），λ_c：熱伝導率（kJ/mh℃），C_c：比熱（kJ/kg℃），ρ：密度（kg/m^3）．

3) 軽量骨材コンクリートの熱特性は，単位質量および乾湿状態の影響により大きく変化する．軽量骨材コンクリートの比熱は 1.6〜1.8 kJ/kg℃（普通コンクリート 1.0〜1.3 kJ/kg℃），気乾状態の熱伝導率は 2.1〜3.3 kJ/mh℃ に対して湿潤状態では 4.6〜5.9 kJ/mh℃ 程度である．熱伝導率は，単位質量が大きいほど増大する．

4) コンクリートの熱膨張係数は，一般に 10×10^{-6}/℃ としてよい．

(6) 収　　縮

1) コンクリートの収縮は，環境の温度および湿度，部材断面の形状寸法，使用骨材，セメントの種類，配合条件の影響を受ける．照査に用いる使用コンクリートの収縮ひずみは，試験値，既往の資料や実績をもとに定めるのが原則である．これらのデータがない場合，構造物の応答値の算定に用いる収縮ひずみの値は，式(2.11)，式(2.14)のうち，危険側とならない式を用いる．

式(2.11)は，圧縮強度の特性値が 55 N/mm^2 以下の普通コンクリートの収縮ひずみの進行速度を，環境の湿度および体積表面積比の影響に着目して表したものである．

$$\varepsilon'_{cs}(t, t_0) = [1 - \exp\{-0.108(t-t_0)^{0.56}\}] \cdot \varepsilon'_{sh} \tag{2.11}$$

ただし，
$$\varepsilon'_{sh} = -50 + 78\left[1 - \exp\left(\frac{RH}{100}\right)\right] + 38 \log_e W - 5\left[\log_e\left(\frac{V/S}{10}\right)\right]^2 \tag{2.12}$$

ここに，$\varepsilon'_{cs}(t, t_0)$：コンクリートの材齢 t_0 から t までの収縮ひずみ（$\times 10^{-6}$），ε'_{sh}：収縮ひずみの最終値（$\times 10^{-6}$），RH：相対湿度（%）（45%≦RH≦80%），W：単位水量（kg/m^3）（130 kg/m^3≦W≦230 kg/m^3），V：体積（mm^3），S：外気に接する表面積（mm^2），V/S：体積表面積比（25 mm≦V/S≦300 mm），t_0 および t：乾燥開始時および乾燥中のコンクリートの有効材齢（日）であり，式(2.13)によ

り補正した値を用いる.

$$t_0 \text{ および } t = \sum_{i=1}^{n} \Delta t_i \cdot \exp\left[13.65 - \frac{4\,000}{273 + T(\Delta t_i)/T_0}\right] \quad (2.13)$$

ここに，Δt_i：温度が T（℃）である期間の日数，T_0：1℃.

式(2.14)は，コンクリートの乾燥収縮および自己収縮をそれぞれ求め，この合計をコンクリートの収縮として表したものである．

$$\varepsilon'_{cs}(t, t_0) = \varepsilon'_{ds}(t, t_0) + \varepsilon'_{as}(t, t_0) \quad (2.14)$$

ただし，

$$\varepsilon'_{ds}(t, t_0) = \frac{\varepsilon'_{ds\infty}(t-t_0)}{\beta + (t-t_0)} \qquad \beta = \frac{4W\sqrt{V/S}}{100 + 0.7\,t_0}$$

$$\varepsilon'_{ds\infty} = \frac{\varepsilon'_{ds\rho}}{1 + \eta \cdot t_0} \qquad \varepsilon'_{ds\rho} = \frac{a(1-RH/100)W}{1 + 150\exp\left[-\dfrac{500}{f'_c(28)}\right]}$$

$$\eta = 10^{-4}[15\exp\{0.007 f'_c(28)\} + 0.25W]$$

ここに，$\varepsilon'_{ds}(t, t_0)$：コンクリートの材齢 t_0 から t までの乾燥収縮ひずみ（$\times 10^{-6}$），$\varepsilon'_{as}(t, t_0)$：凝結の始発から材齢 t までのコンクリートの自己収縮ひずみ（$\times 10^{-6}$）で，一般に材齢 t_0 以降に生じる値として表 2.3 を用いてよい．β：乾燥収縮ひずみの経時変化特性を表す項，$\varepsilon'_{ds\infty}$：乾燥収縮ひずみの最終値（$\times 10^{-6}$），$\varepsilon'_{ds\rho}$：コンクリートの品質の影響を表す項，η：コンクリートの強度および単位水量の影響を表す係数，$f'_c(28)$：材齢 28 日におけるコンクリートの圧縮強度（N/mm²）（$f'_c(28) \leq 80$ N/mm²），a：セメントの種類の影響を表す係数（普通および低発熱セメントの場合 $a=11$，早強セメントの場合 $a=15$），W：単位水量(kg/m³)（130 kg/m³ $\leq W \leq$ 230 kg/m³）．

表 2.3 材齢 t_0 以降に生じる自己収縮ひずみの最終値

28日圧縮強度	t_0(日)		
	1	3	7
100	230	110	50
80	160	80	40
60	150	90	50

(注) 圧縮強度は 28 日水中養生の値．自己収縮ひずみの予測誤差は ± 40%．結合材に普通ポルトランドセメントのみを用いた場合の値．

$\varepsilon'_{as}(t, t_0)$ を時間の関数として求める場合,式(2.15)および式(2.16)に示す自己収縮ひずみの予測式を用いてよい.

$$\varepsilon'_{as}(t, t_0) = \varepsilon'_{as}(t, t_0) - \varepsilon'_{as}(t, t_0) \qquad (2.15)$$

$$\varepsilon'_{as}(t) = \gamma\, \varepsilon'_{as\infty}[1 - \exp\{-a(t-t_s)^b\}] \qquad (2.16)$$

ここに,$\varepsilon'_{as}(t)$:凝結の開始から材齢 t までのコンクリートの自己収縮ひずみ($\times 10^{-6}$),γ:セメントおよび混和材の種類の影響を表す係数(普通ポルトランドセメントのみを用いる場合 1.0 としてよい),$\varepsilon'_{as\infty}$:自己収縮ひずみの最終値($\times 10^{-6}$)($=3\,070 \exp[-7.2(W/C)]$),W/C:水セメント比,t_s:凝結の始発(日),a, b:自己収縮の進行特性を表す係数で,表 2.4 に示す値を用いてよい.

表 2.4 式(2.16)における係数 a, b の値

W/C	a	b
0.20	1.2	0.4
0.23	1.5	0.4
0.30	0.6	0.5
0.40	0.1	0.7
0.50 以上	0.03	0.8

(注) 結合材に普通ポルトランドセメントのみを用いた場合.

2) 上記 1)に示した方法によらない場合,参考となる資料がないときには,普通および軽量骨材コンクリートに対し,一般に表 2.5 に示す値を 1.5 倍するのがよい.この値は,無筋コンクリートの場合であり,( )内に鉄筋比 1%(偏心なし)の鉄筋コンクリートの場合が示されている.この値は,わが国の気象条件の実状に適合するよう設定されたものである.

表 2.5 コンクリートの収縮ひずみ($\times 10^{-6}$)

環境条件	コンクリートの材齢*				
	3 日以内	4〜7 日	28 日	3 か月	1 年
屋外	400 (340)	350 (290)	230 (180)	200 (160)	120 (120)
屋内	730 (620)	620 (520)	380 (310)	260 (210)	130 (120)

(注) * 設計で収縮を考慮するときの乾燥開始材齢.
( )内は鉄筋比 1%の場合の値.

なお,無筋コンクリートの収縮ひずみを表 2.5 の値の 1.5 倍にしたのは,JIS A 1129 に従ってレディーミクストコンクリートを測定した収縮ひずみの実態が

$1\,000 \times 10^{-6}$ 程度を超えるものはほとんどないためで,これに材齢7日以前の自己収縮と材齢6か月以降の収縮分を 200×10^{-6} 程度と見込み,設計では収縮ひずみの最終値として $1\,200 \times 10^{-6}$ 程度を想定している.式(2.12)による収縮ひずみの最終値は 800×10^{-6} 程度であるため,これを1.5倍することにしたのである.

3) コンクリートの収縮により,ラーメン,アーチなどの不静定構造物に生じる不静定力はクリープによって減少するので,圧縮強度の特性値が $55\,\mathrm{N/mm^2}$ 程度までのコンクリートに対して,弾性理論によって不静定力を計算するために用いる乾燥収縮ひずみは,クリープの影響を含めて,一般に 150×10^{-6} としてよい.

(7) クリープ

1) 作用する応力度がコンクリート強度の約40%以下の場合,クリープひずみは弾性ひずみに比例するから,この範囲においてはクリープひずみ ε'_{cc} は式(2.17)で表される.

$$\varepsilon'_{cc} = \frac{\varphi \sigma'_{cp}}{E_{ct}} \qquad (2.17)$$

ここに,ε'_{cc}:コンクリートの圧縮クリープひずみ,φ:クリープ係数,σ'_{cp}:作用する圧縮応力度($\mathrm{N/mm^2}$),E_{ct}:載荷時材齢のヤング係数($\mathrm{N/mm^2}$).

2) 鉄筋コンクリート構造物では,コンクリートのクリープによって,一般に断面力およびコンクリートの応力度は弾性理論で求めた値よりも小さくなるので,これらの安全度の検討にはクリープを考慮しなくてよい.しかし,長期の変位,変形の計算にはクリープを考慮する.クリープ係数は,一般の場合,表2.6および表2.7を用いてよい.

なお,表2.6および表2.7の(注)に示されている範囲外の場合に対し,土木学

表2.6 普通および軽量骨材コンクリートのクリープ係数(無筋コンクリート)

環境条件	プレストレスを与えたときまたは載荷するときのコンクリートの材齢*				
	4～7日	14日	28日	3か月	1年
屋外	2.7 (2.0)	1.7 (1.3)	1.5 (1.1)	1.3 (1.0)	1.1 (0.8)
屋内	2.4 (1.8)	1.7 (1.3)	1.5 (1.1)	1.3 (1.0)	1.1 (0.8)

(注) 1. ( )内は軽量骨材コンクリートの値である.
2. 適用範囲 普通コンクリート:$W = 160 \sim 180\,\mathrm{kg/m^3}$,$C = 350 \sim 400\,\mathrm{kg/m^3}$,体積表面積比 $V/S = 150\,\mathrm{mm}$ 程度,持続圧縮応力度は f'_c の40%以下,平均的環境は屋外の場合 温度15℃,湿度65%,屋内の場合 温度20℃,湿度40%

表2.7 普通および軽量骨材コンクリートのクリープ係数（軸方向鉄筋比1％）

環境条件	プレストレスを与えたときまたは載荷するときのコンクリートの材齢*				
	4～7日	14日	28日	3か月	1年
屋外	2.1 (1.6)	1.4 (1.1)	1.2 (0.9)	1.1 (0.8)	0.9 (0.7)
屋内	1.9 (1.4)	1.4 (1.1)	1.2 (0.9)	1.1 (0.8)	0.9 (0.7)

(注) 1. ( )内は軽量骨材コンクリートの値である．
2. 適用範囲　普通コンクリート：$W=160～180\,\text{kg/m}^3$, $C=350～400\,\text{kg/m}^3$, 体積表面積比 $V/S=150\,\text{mm}$程度，持続圧縮応力度はf'_cの40％以下，平均的環境は屋外の場合　温度15℃，湿度65％，屋内の場合　温度20℃，湿度40％

会示方書の解説に，普通コンクリート（圧縮強度が$55\,\text{N/mm}^2$以下．ただし，水セメント比の低減のみにより高強度とした場合は$70\,\text{N/mm}^2$以下）および高強度コンクリート（高性能AE減水剤を用いて圧縮強度が$55\,\text{N/mm}^2$を超えるもの）のクリープ予測式が示されている．

(8) その他の特性値

土木学会示方書には，低温度の影響，中性化速度係数，塩化物イオン拡散係数，凍結融解試験における相対動弾性係数，初期ひび割れに対する照査に用いる物性値が規定されている．本書は構造設計計算の解説を目的とすることからこれらを省略しているが，構造物設計の実務においては耐久性に関する照査も必要であることに注意する．

2.2　鋼　　材

(1) 鉄筋の種類および寸法

1) 鉄筋はJIS G 3112「鉄筋コンクリート用棒鋼」に適合するものを用いる．JIS G 3117「鉄筋コンクリート用再生棒鋼」（丸鋼は$\phi 13\,\text{mm}$以下，異形鉄筋はD13以下が規定されている）に適合するものも用いることができる．

表2.8に，JIS G 3112に規定されている鉄筋の種類と降伏点および引張強さの規格値を示す．鉄筋の種類を表す記号は，鉄筋コンクリート用棒鋼は丸鋼がSRおよび異形棒鋼がSDの記号と降伏点または耐力を表す数値の組合せで示される．また再生棒鋼は，丸鋼をSRRおよび異形棒鋼をSDRで表す．

SD295BおよびSD345～SD490は化学成分として，C，Si，Mnによって高強

2.2 鋼材

表2.8 鉄筋コンクリート用棒鋼の種類と降伏点および引張強さ (JIS G 3112)

種類		丸鋼		異形棒鋼				
記号		SR235	SR295	SD295A	SD295B	SD345	SD390	SD490
降伏点または耐力 (N/mm²)*		235以上	295以上	295以上	295~390	345~440	390~510	490~625
引張強さ (N/mm²)		380~520	440~600	440~600	440以上	490以上	560以上	620以上

(注) ＊ 耐力は永久ひずみ0.20%で測定する.

度を確保するとともに，C+(Mn/6)（炭素当量）の上限を規定して良好な溶接性を保持している．

2) 市販されている鉄筋の標準寸法を表2.9に示す．異形棒鋼は節およびリブがあり，軸線に沿って断面が一様でないので，設計ではJISで規定されている公称直径，公称断面積および公称周長を用いる．公称直径を丸めた数値（mm）を呼び名，例えばD22のように表示する．巻末に，資料として丸鋼および異形棒鋼の公称直径，公称断面積などを示すので参照されたい．

表2.9 鉄筋コンクリート用棒鋼の寸法 (JIS G 3112)

直径 (mm)	普通丸鋼 (ϕ)	6, 9, 13, 16, 19, 22, 25, 28, 32, 36
	異形棒鋼 (D)	6, 10, 13, 16, 19, 22, 25, 29, 32, 35, 38, 41, 51
長さ (m)		3.5, 4.0, 4.5, 5.0, 5.5, 6.0, 6.5, 7.0, 8.0, 9.0, 10.0, 11.0, 12.0

なお，さらに太径のものとしてD57およびD64があり，これらの品質は，JSCE-E121「鉄筋コンクリート用太径ねじ節鉄筋D57およびD64規格」に規定されている．

(2) 強度

1) 鉄筋の引張降伏強度の特性値f_{yk}および引張強度の特性値f_{uk}は，試験によって定めるのが原則であるが，JIS規格に適合する鉄筋の場合は，そのf_{yk}およびf_{uk}はそれぞれJIS規格の降伏点および引張強さの下限値としてよい．これは，鉄筋の引張試験結果は，表2.8に示すJIS規格値より一般にやや大きく，規格値を下まわる確率は5%よりも十分に小さいことが確かめられているからである．このように規格値が定められている場合，特性値は一般に

$$\text{特性値} = \text{規格値} \times \text{材料修正係数} \, \rho_m \tag{2.18}$$

から求める.鉄筋の強度特性値の場合は,一般に $\rho_m=1.0$ としてよい.

なお,鉄筋の圧縮降伏強度の特性値 f'_{yk} は引張降伏強度 f_{yk} に等しいとしてよい.

(3) 応力‒ひずみ曲線,ヤング係数およびポアソン比

1) 鉄筋の応力‒ひずみ曲線は,化学成分や製造方法等によって変化するが,部材断面の応力度や耐力を計算する場合,図2.7に示すモデル化したものを用いてよい.

2) 鉄筋のヤング係数は,既往の試験結果によれば190～210 kN/mm² の範囲にある.鉄筋のヤング係数の相違が部材断面の応力や部材の変形の計算結果に及ぼす影響は小さいので,一般に200 kN/mm² としてよい.

鉄筋のポアソン比は,0.3としてよい.

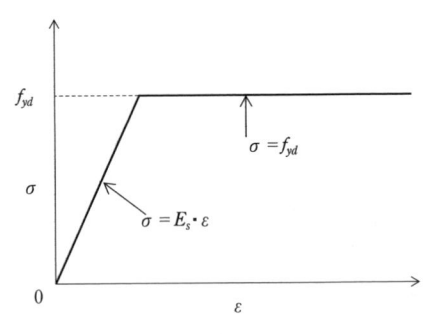

図2.7 設計に用いる鉄筋の応力‒ひずみ曲線

第3章 荷重とその設計値

3.1 荷重の種類

(1) 作用状態の時間的差異による分類
荷重は作用する頻度,持続性および変動の程度により,次のように分類される.
① 永久荷重——変動がきわめてまれか,平均値に比べ無視できる程度に小さく,持続的に作用する荷重であり,死荷重,静止土圧などが含まれる.
② 変動荷重——変動が頻繁に,あるいは連続的に起こり,平均値に比して変動が無視できない荷重であり,活荷重,温度変化の影響,風荷重,雪荷重などが含まれる.
③ 偶発荷重——設計供用期間中に生じる頻度がきわめて小さいが,万一起こるとその影響が著しく大きい荷重で,地震の影響,衝突,強風などが含まれる.

設計には,これらの荷重を適宜組み合せて用いる.

(2) 死 荷 重
死荷重は,設計図書に示されている寸法と,表3.1に示す材料の単位重量を用いて算出する.ただし,実重量が明らかなものはその値を用いる.
死荷重 D は,構造物の自重による固定死荷重 D_1 と,舗装,バラストなどの変動の可能性がある付帯物による付加死荷重 D_2 に区分して取り扱うのが合理的である.

表3.1 材料の単位重量（道路橋示方書）

材料	単位重量(kN/m^3)	材料	単位重量(kN/m^3)
鋼・鋳鋼・鍛鋼	77	コンクリート	23.0
鋳鉄	71	セメントモルタル	21.0
アルミニウム	27.5	木材	8.0
鉄筋コンクリート	24.5	瀝青材（防水用）	11.0
プレストレストコンクリート	24.5	アスファルトコンクリート舗装	22.4

（3）活荷重

活荷重は，自動車，列車，群集などの荷重で，道路橋示方書に具体的に規定されている（**3.2** 参照）．

（4）土圧

土圧には，主働土圧，受働土圧および静止土圧があり，構造物の挙動に応じて適切に区分して適用することが重要である．

（5）水圧，流体力および波力

1) 構造物に作用する静水圧，地震時動水圧，流体力および波力は，構造物の種類に応じて定める．

2) 静水圧の特性値 p_w は，式(3.1)により定めてよい．

$$p_w = w_0 \cdot h \quad (\text{kN/m}^2) \tag{3.1}$$

ここに，h：水面からの高さ（m）で，限界状態ごとに定める．w_0：水の単位重量（kN/m^3）．

3) 地震時動水圧の特性値は，構造物の形状，水深などを考慮して定める．

4) 流れによる流体力の特性値 P_w は，式(3.2)により定めてよい．

$$P_w = \frac{1}{2} \rho \cdot v^2 \cdot C_v \cdot A \quad (\text{N}) \tag{3.2}$$

ここに，ρ：水の密度（$=1\,000\,\text{kg/m}^3$），v：流速（m/s）で，限界状態ごとに定める．C_v：抵抗係数で，構造物の断面形状による．A：構造物を流れ方向に投影した面積（m^2）．

5) 波力の特性値は，構造物の形状，設置位置および波の特性を考慮して定める．

（6）風荷重

風荷重は，構造物の種類，環境条件，部材の寸法などに応じて定める．風荷重 W の特性値は，一般に式(3.3)により定めてよい．

$$W = \frac{1}{2}\rho \cdot v_v^2 \cdot C \cdot A \quad \text{(N)} \tag{3.3}$$

ここに，ρ：空気の密度（$=1.25\,\text{kg/m}^3$），v_v：設計風速（m/s），C：抗力係数で，部材の断面形状による（表3.2），A：部材の投影断面積（m²）．

表3.2 断面形状による抵抗係数

断面形状		抗力係数	断面形状		抗力係数
風向→ ○	円形断面	1.2	風向→ □(r)	矩形 {( )は $r>d/12$ のとき}	1.5 (1.1)
→ I	平板またはそれに近い形状	2.2	→ □	長方形 {( )は $r>d/12$ のとき}	2.1 (1.5)
→ ┠		1.8	→ □ 0.7	1 長方形	2.7
→ ◇	正方形（対角線方向）	1.5	→ □ 0.5	1 長方形 {( )は $r>d/29$ のとき}	2.3 (2.1)

（7）雪荷重

雪荷重の特性値 SN は，地域の実状や構造物の状況に応じて定め，一般に式(3.4)により定めてよい．

$$SN = w_s \cdot z \cdot I \quad (\text{N/m}^2) \tag{3.4}$$

ここに，w_s：雪の設計単位重量（N/m³），z：設計地上積雪深（m），I：勾配による係数で，$I = 1 + (30 - \theta)/30$ から求めてよい．ただし，$\theta \leq 30°$ の場合 $I = 1.0$，$\theta \geq 60°$ の場合 $I = 0$ とする．θ：積雪対象面の勾配（°）．

（8）コンクリートの収縮およびクリープの影響

ラーメン，アーチ等の不静定構造物の設計では，構造物の断面に一様に収縮お

よびクリープの影響があるものとする．

（9）　温度の影響

ラーメン，アーチ等の不静定構造物の設計では，構造物の断面に一様な温度の昇降があるものとする．温度の昇降の特性値は，年平均気温と月平均気温の最高と最低の差から定めるが，わが国では，一般に±15℃としてよい．

（10）　地震の影響

地震時の構造物には，構造物の質量および負載質量に対する地震の水平方向または鉛直方向の加速度の作用の影響としての慣性力が作用する．地震の影響については，第8章で詳細に説明する．

3.2　道路橋に作用する活荷重

高速自動車国道，一般国道，都道府県道，およびこれらの道路と基幹的な道路網を形成する市町村道路（道路法道路）の橋梁の設計には，日本道路協会『道路橋示方書』が適用される．

（1）　道路橋示方書の活荷重

道路橋示方書に規定されている活荷重は，自動車荷重（T荷重，L荷重），群集荷重および軌道の車両荷重であり，大型の自動車（総重量 25 kN）の交通量に応じて，A活荷重およびB活荷重に区分する．

道路法道路における橋梁の設計には，B活荷重を適用する．その他の市町村道路の設計にあたっては，大型車交通量に応じてA活荷重またはB活荷重を適用する．

（2）　床版および床組を設計する場合の活荷重

1）車道部分には，図3.1に示すT荷重を載荷する．T荷重は，橋軸方向には1組，橋軸直角方向には組数に制限がないものとし，設計部材に最も不利な応力が生じるように載荷する．T荷重の橋軸直角方向の載荷位置は，載荷面の中心が

車道部分の端部から 25 cm までとする．載荷面の辺長は，橋軸方向および橋軸直角方向にそれぞれ 20 cm および 50 cm とする．

　床組を設計するとき，B 活荷重の場合には，T 荷重によって算出した断面力等に，表 3.3 に示す係数を乗じたものを用いる．ただし，この係数は 1.5 を超えてはならない．支間が特に長い縦げた等は，T 荷重と L 荷重のうち不利な応力を与える荷重を用いて設計する．

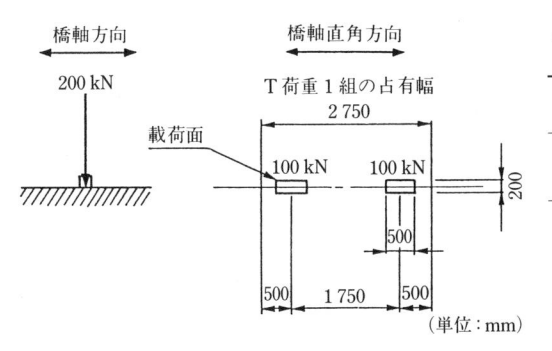

表 3.3　床組等の設計に用いる係数（B 活荷重の場合）

部材の支間長 L （m）	$L \leq 4$	$L > 4$
係数	1.0	$\dfrac{L}{32} + \dfrac{7}{8}$

図 3.1　T 荷重

2) 歩道等には，群集荷重として 5.0 kN/m^2 の等分布荷重を載荷する．

3) 軌道等には，軌道の車両荷重と T 荷重のうち設計部材に不利な応力を与える荷重を載荷する．軌道の車両は両数に制限がないものとし，設計部材に最も不利な応力を与えるように載荷する．占有幅および荷重は，当該軌道の規定によるものとする．

（3）　主げたを設計する場合の活荷重

1) 車道部分には図 3.2 および表 3.4 に示す 2 種類の等分布荷重 p_1，p_2 よりなる L 荷重を載荷するものとし，p_1 は 1 橋につき 1 組とする．L 荷重は着目している点または部材に最も不利な応力が生じるように，橋の幅 5.5 m までは等分布荷重 p_1 および p_2（主載荷荷重）を，残りの部分にはそれらのおのおのの 1/2（従載荷荷重）を載荷する．

　ただし，支間長が特に短い主げたや床版橋は，T 荷重と L 荷重のうち不利な応力を与える荷重を用いて設計する．T 荷重を用いて設計する場合には，T 荷重は

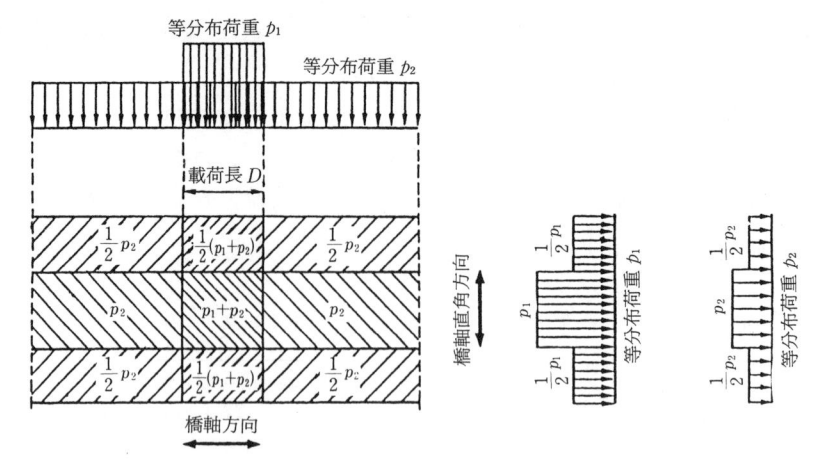

図 3.2　L 荷重

表 3.4　L 荷重

活荷重の種類	主載荷荷重（幅 5.5 m）						従載荷荷重
	載荷長 D (m)	等分布荷重 p_1		等分布荷重 p_2			
		荷重（kN/m²）		荷重（kN/m²）			
		曲げモーメントを算出する場合	せん断力を算出する場合	$L \leq 80$	$80 < L \leq 130$	$L > 130$	
A	6	10	12	3.5	$4.3 - 0.01L$	3.0	主載荷荷重の 50%
B	10						

（注）　L：支間長（m）

橋軸直角方向には 2 組を限度とし，3 組目からは 1/2 に低減することとする．また，B 活荷重の場合には，T 荷重によって算出した断面力等には表 3.4 に示す係数を乗じるが，この係数は 1.5 を超えてはならない．

2）　歩道等には，群集荷重として表 3.5 に示す等分布荷重を載荷する．

表 3.5　歩道等に載荷する等分布荷重

支間長 L（m）	$L \leq 80$	$80 < L \leq 130$	$L > 130$
等分布荷重（kN/m²）	3.5	$4.3 - 0.01L$	3.0

3）　軌道等には，軌道の車両荷重と L 荷重のうち設計部材に不利な応力を与える荷重を載荷する．軌道の車両は両数に制限がないものとし，占有幅および荷

重は，当該軌道の規定によるものとする．自動車の通行を許さない軌道敷がある場合には，L荷重の載荷幅はこの部分を除いてもよい．

（4） 下部構造を設計する場合の活荷重

下部構造を設計する場合の上部構造に載荷する活荷重は，原則として（3）に規定する荷重とする．

3.3 荷重の設計値

（1） 設計荷重
1) 荷重の規格値は，限界状態に応じて定める．
2) 公称値から特性値を求める場合，規格値等に荷重修正係数を乗じて定める．
$$荷重の特性値 F_k = 荷重の規格値または公称値 × 荷重修正係数 \rho_f \tag{3.5}$$
3) 設計荷重 F_d は，荷重の特性値 F_k に荷重係数 γ_f を乗じて定める．
$$設計荷重 F_d = 荷重の特性値 F_k × 荷重係数 \gamma_f \tag{3.6}$$
4) 設計荷重は，要求性能に応じて適切に組み合せて適用する（表3.6）．

表3.6 設計荷重の組合せ

要求性能	限界状態	考慮すべき組合せ
耐久性	すべての限界状態	永久荷重＋変動荷重
安全性	断面破壊等	永久荷重＋主たる変動荷重＋従たる変動荷重
		永久荷重＋偶発荷重＋従たる変動荷重
	疲労	永久荷重＋変動荷重
使用性	すべての限界状態	永久荷重＋変動荷重
耐震性	すべての限界状態	永久荷重＋偶発荷重＋従たる変動荷重

（2） 設計断面力
1) 荷重の特性値 F_k は，永久荷重，主たる変動荷重，従たる変動荷重に対し，構造物の施工中および設計耐用期間中に受ける最大荷重（小さいほうが危険な場合は最小荷重）の期待値とする．
2) 複数の変動荷重が作用する場合，それぞれの荷重が同時にその最大値の期

待値になる可能性はごく少ないので，変動荷重は主たる変動荷重と従たる変動荷重に区分して扱う．

3) 設計荷重を求めるための荷重の特性値に乗じる荷重係数は，表 3.7 に示す値としてよい．

表 3.7 荷重係数

要求性能	限界状態	荷重の種類	荷重係数
耐久性	すべての限界状態	すべての荷重	1.0
安全性	断面破壊等	永久荷重	1.0～1.2
		主たる変動荷重	1.1～1.2
		従たる変動荷重	1.0
		偶発荷重	1.0
	疲労	すべての荷重	1.0
使用性	すべての限界状態	すべての荷重	1.0
耐震性	すべての限界状態	すべての荷重	1.0

(注) 自重以外の永久荷重が小さいほうが不利となる場合には，永久荷重に対する荷重係数を 0.9～1.0 とするのがよい．

4) 安全性の検討に用いる設計断面力 S_d は，一般に式(3.7)によって求める．

$$S_d = \sum \gamma_{ap} S_p(\gamma_{fp} \cdot F_p) + \sum \gamma_{ar} S_r(\gamma_{fr} \cdot F_r) + \sum \gamma_{aa} S_a(\gamma_{fa} \cdot F_a) \qquad (3.7)$$

ここに，S_p, S_r, S_a：それぞれ，永久荷重，主たる変動荷重，従たる変動荷重による断面力を求めるための関数，F_p, F_r, F_a：それぞれ，永久荷重，主たる変動荷重，従たる変動荷重の特性値，$\gamma_{fp}, \gamma_{fr}, \gamma_{fa}$：それぞれ，永久荷重，主たる変動荷重，従たる変動荷重の荷重係数，$\gamma_{ap}, \gamma_{ar}, \gamma_{aa}$：それぞれ，永久荷重，主たる変動荷重，従たる変動荷重の構造解析係数．

第4章 鉄筋コンクリート部材の力学的挙動

4.1 軸方向力を受ける部材のひずみと応力度

(1) ひずみと応力度

鉄筋コンクリート部材（図 4.1(a)）の断面図心に軸方向荷重を作用させると，コンクリートと鉄筋はずれを生じず，同じだけ変形する．すなわち，図 4.1(b) のように，鉄筋のひずみとコンクリートのひずみは同じになる．

$$\varepsilon'_c = \varepsilon'_s = \varepsilon' \tag{4.1}$$

コンクリートおよび鉄筋の応力度は，フックの法則から式(4.2)および式(4.3)のとおりとなる．

$$\sigma'_c = E_c \cdot \varepsilon'_c \tag{4.2}$$

$$\sigma'_s = E_s \cdot \varepsilon'_s \tag{4.3}$$

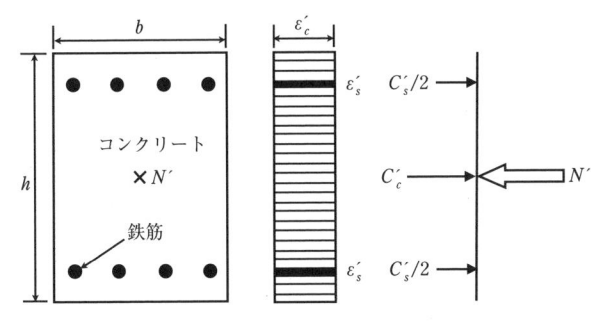

(a) 断面　　(b) ひずみ分布　　(c) 軸方向荷重とその反力

図 4.1　軸方向荷重を断面中心に受ける部材のひずみ分布と反力

ここに，σ'_c：コンクリートの応力度（N/mm²），E_c：コンクリートのヤング係数（N/mm²），ε'_c：コンクリートのひずみ，σ'_s：鉄筋の応力度（N/mm²），E_s：鉄筋のヤング係数（N/mm²），ε'_s：鉄筋のひずみ．

この断面に作用する軸方向荷重 N' によって，図4.1(c) のように，コンクリートおよび鉄筋には反力（圧縮力）を生じ，軸方向荷重 N' は，式(4.4)のようにこれらの圧縮力の和と釣り合う．

$$N' = C'_c + C'_s \tag{4.4}$$

ここに，N'：軸方向荷重（N），C'_c：コンクリートに発生する圧縮力（N），C'_s：鉄筋に発生する圧縮力（N）．

コンクリートまたは鉄筋に発生する圧縮合力は，式(4.5)および式(4.6)のとおりとなる．なお，コンクリートの断面積は，正確には部材断面積（$b \times h$）から鉄筋の断面積を差し引いたものとなるが，通常，断面内の鉄筋の断面積は小さいため，これを無視して部材断面積を計算してよい．

$$C'_c = \sigma'_c \cdot A_c \tag{4.5}$$
$$C'_s = \sigma'_s \cdot A_s \tag{4.6}$$

ここに，A_c：コンクリートの断面積（mm²），A_s：鉄筋の断面積（mm²）．

（2） ヤング係数と断面

鉄筋とコンクリートのヤング係数比を，式(4.7)で定義する．

$$n = \frac{E_s}{E_c} \tag{4.7}$$

コンクリートのヤング係数はおおよそ 30 kN/mm² であるのに対して，鉄筋のヤング係数は 200 kN/mm² と大きく，普通コンクリートの場合の n は 5～10 程度である．式(4.2)と式(4.3)で ε'_c と ε'_s が同じであれば，式(4.8)に示すように，鉄筋の応力度はコンクリートの応力度の n 倍となる．

$$\frac{\sigma'_s}{\sigma'_c} = \frac{E_s \cdot \varepsilon'_s}{E_c \cdot \varepsilon'_c} = n$$

$$\therefore \sigma'_s = n \cdot \sigma'_c \tag{4.8}$$

また，式(4.4)に示した軸方向荷重と反力との関係は，式(4.7)を用いれば式(4.9)のように表すことができる．

$$\begin{aligned}
N' &= C'_c + C'_s \\
&= \sigma'_c \cdot A_c + \sigma'_s \cdot A_s \\
&= E_c \cdot \varepsilon'_c \cdot A_c + E_s \cdot \varepsilon'_s \cdot A_s \\
&= E_c \cdot \varepsilon'_c \cdot A_c + n \cdot E_c \cdot \varepsilon'_c \cdot A_s \\
&= \sigma'_c \cdot (A_c + n \cdot A_s)
\end{aligned} \tag{4.9}$$

断面に発生する応力をコンクリートの値と考えれば，コンクリートの面積と鉄筋の面積のn倍の和と考えることができる．$(A_c + n \cdot A_s)$を等価換算断面積という．このように，コンクリートと鉄筋で断面が構成されていて，両者のひずみが同じ場合，式(4.8)のように鉄筋の応力度はコンクリートのn倍と考えることと，式(4.9)のようにコンクリートの面積が広くなったと考えることは，等価である．

4.2　曲げを受ける部材の応力度

（1）　平面保持の仮定

図4.2(a)のように，はりの側面に格子を描き，これに曲げ荷重を作用させると，図4.2(b)のように変形する．すなわち，変形前にはりの軸線に対して垂直であった断面は，変形後もはりの軸に垂直で平面を保つ．このことを，平面保持の法則と呼ぶ．

また，縦格子線の間隔に着目すると，はりの上縁側は縮み，下縁側は伸び，ひずみ分布は傾きが一定の直線を示す．そして，上縁と下縁の間でひずみを生じていない面を中立面と呼び，中立面とはり断面の交線を断面の中立軸と呼ぶ．

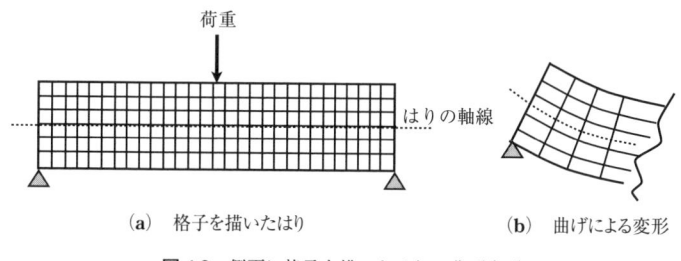

(a) 格子を描いたはり　　(b) 曲げによる変形

図4.2　側面に格子を描いたはりの曲げ変形

（２） 曲げ応力と断面二次モーメント

曲げ変形を受けた図 4.2 のはりの軸方向の位置 x における微小部分 dx を，図 4.3 に示す．はりの微小部分 dx は，上部は圧縮され，下部は引張りを受けて台形状に変形し，微小部分 dx の両端の延長上の交点は曲率中心となる．曲率中心から中立面までの距離を曲率半径という．

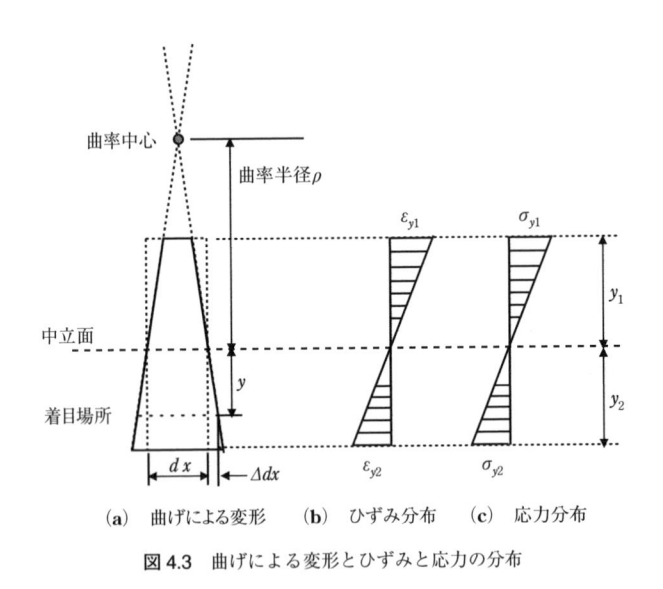

図 4.3 曲げによる変形とひずみと応力の分布

中立軸から距離 y にあるはりの軸方向ひずみは，曲率中心を頂点とする三角形と dx 部分の変形の相似関係から，式(4.10)のようになる．

$$\varepsilon = \frac{\Delta dx}{dx} = \frac{y}{\rho} \tag{4.10}$$

ここに，ε：中立軸から距離 y におけるひずみ，Δdx：着目している部分の変形量（mm），dx：着目している部分の変形前の長さ（mm），y：中立軸から着目点までの距離（mm），ρ：曲率半径（mm）．

式(4.10)から，同一断面内のひずみ分布は，中立軸からの距離に比例（傾きを $1/\rho$ とする直線分布）し，図 4.3(b)のとおりとなる．これにフックの法則を適用すれば，断面内の応力度分布は式(4.11)のようになり，やはり中立軸からの距離に比例する（図 4.3(c)）．

4.2 曲げを受ける部材の応力度

$$\sigma = E \cdot \varepsilon = E \cdot \frac{\Delta dx}{dx} = E \cdot \frac{y}{\rho} = \frac{E}{\rho} \cdot y \tag{4.11}$$

断面内の応力度分布は，中立軸から上は圧縮力，中立軸から下は引張力で，中立軸まわりに断面を回転させるモーメント（偶力）を生じさせる．これは，図4.2で示した載荷による曲げモーメントと釣合関係にある．図4.4のように，はりの任意形状の断面内に面積要素 dA を考えると，この部分に働く力は $\sigma_y \cdot dA$ で表される．この微小面積要素に作用する力の中立軸まわりのモーメント $y \cdot \sigma_y \cdot dA$ を，全断面積について積分すれば内力の曲げモーメントとなり，断面内外の曲げモーメントの釣合いから，式(4.12)で表される．

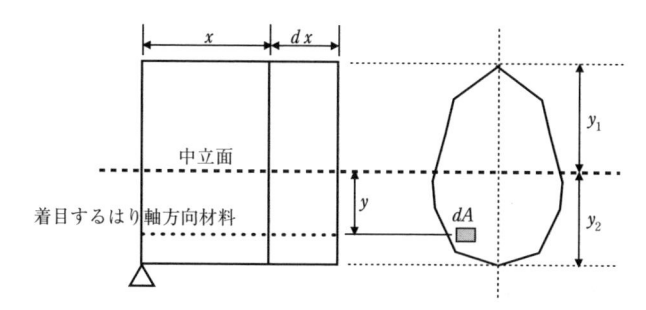

図4.4 断面内の微小な面積要素

$$M = \int y \cdot \sigma_y \cdot dA \tag{4.12}$$

この式(4.12)の σ_y に式(4.11)を代入すると，曲げモーメントは式(4.13)のとおりとなる．

$$M = \frac{E}{\rho} \int y^2 \cdot dA \tag{4.13}$$

ここで，$I = \int y^2 \cdot dA$ と定義すると，式(4.13)は式(4.14)のようになる．

$$M = \frac{E \cdot I}{\rho} \tag{4.14}$$

I は断面二次モーメントと呼ばれる断面量である．式(4.14)から，$E/\rho = M/I$ であるので，曲げモーメントを受ける断面の任意の点（中立軸から y の距離の点）の応力度は，式(4.11)の変形として，式(4.15)で表される．

$$\sigma = \frac{M}{I} \cdot y \tag{4.15}$$

この式を用いて，曲げを受ける部材断面の応力度の計算を行う場合，断面内はヤング係数一定の均質の材質であることが前提となる．このため，鉄筋コンクリートでは，前述のヤング係数比 n を用いた等価換算断面積で表している．

(3) 軸力の釣合いと断面一次モーメント

図 4.3 に示す断面には軸方向力は作用していないので，断面の圧縮合力と引張合力は釣り合っていなければならない．

$$N = \int \sigma \cdot dA = \frac{E}{\rho} \int y \cdot dA = 0 \tag{4.16}$$

したがって，式(4.16)は式(4.17)のようになる．

$$\int y \cdot dA = 0 \tag{4.17}$$

ここで，$G = \int y \cdot dA$ と定義すると，これは断面一次モーメントと呼ばれる断面量である．このことから，中立軸位置は同一断面内の力の釣合関係から定まるので，断面一次モーメント G を 0 とおくことによって，断面の中立軸の位置を求めることができる．

$\int dA$ は，断面積 A であるので，対象としている軸からの距離が y であれば，断面一次モーメント G は式(4.18)のようになる．

$$G = y \cdot A \tag{4.18}$$

すなわち，図心位置が既知の図形の断面一次モーメントは，対象としている軸から図心までの距離と図形の面積の積で求められる．

断面一次モーメントの特徴としては，以下のことがあげられる．

① 集合図形の任意の位置に関する断面一次モーメントは，部分図形の断面一次モーメントの和に等しい．
② 部分図形の任意形状の断面一次モーメントは，その図心から対象とする軸までの距離と面積との積で表される．

すなわち，複雑な図形であっても，図心が明確な四角形や三角形に分割できれば，断面一次モーメントの総和を，集合図形としての面積で除すことによって，集合図形としての対象軸からの図心距離を計算することができる．

（4）鉄筋およびコンクリートの応力度

鉄筋コンクリート部材の荷重作用状態における曲げ応力度を計算する場合の仮定は，以下のとおりである．

① 曲げによる部材軸方向に生じるひずみ（縦ひずみ）は，断面の中立軸からの距離に比例する（平面保持の仮定）．

② コンクリートおよび鉄筋のヤング係数は，それぞれ一定の値とする（弾性体の仮定）．

③ コンクリートの引張応力度は，一般に無視する．

曲げ応力度の計算では，平面保持の仮定に基づくひずみの直線分布と，部材断面の圧縮合力と引張合力の釣合条件から中立軸位置を計算し，次に内力および外力のモーメントの釣合条件からコンクリートと鉄筋の応力度を計算する．

図4.5は，任意の形状の断面(a)が，正の曲げモーメントを受けるときの，断面内のひずみ分布(b)，これによる応力度分布(c)を示したものである．一般に，変位や力の方向としては，引張側を正，圧縮側を負として表すが，鉄筋コンクリート工学では圧縮側のひずみまたは力の記号に「´」を付し，さらに，これがコンクリートであれば「c」を，鉄筋であれば「s」を付し，例えばコンクリートの圧縮ひずみは「ε'_c」と表すことが多い．

図4.5(b)のひずみ分布から，式(4.19)が得られる．

$$\frac{\varepsilon'_c}{x} = \frac{\varepsilon'_{x-d'}}{x-d'} = \frac{\varepsilon_{cy}}{y} = \frac{\varepsilon_{d-x}}{d-x} \tag{4.19}$$

(a) 断面　　(b) ひずみ分布　　(c) 応力度分布

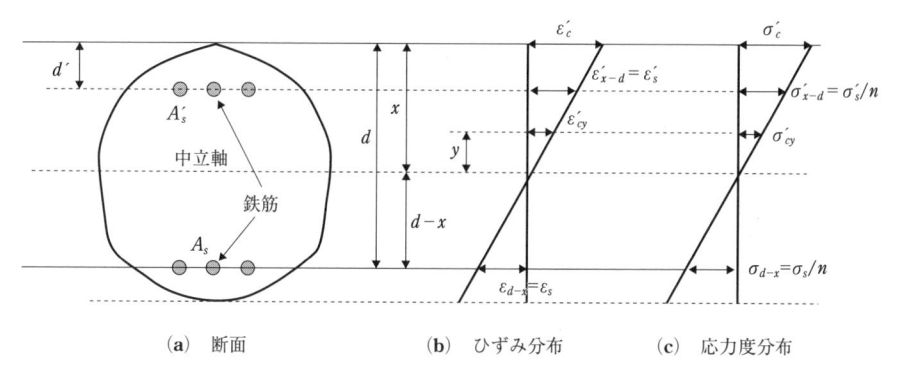

図4.5 任意の鉄筋コンクリート断面が正の曲げモーメントを受けるときのひずみおよび応力度の分布

ここに，x：中立軸から圧縮縁までの距離（mm），d：有効高さ（圧縮縁から引張側の鉄筋図心までの距離）（mm），d'：圧縮縁から圧縮側鉄筋の図心までの距離（mm）．

前述の計算の仮定に従って，中立軸からの距離 y のコンクリートの応力度 σ'_{cy}，圧縮側および引張側の鉄筋の応力度 σ'_s および σ_s は，コンクリートの圧縮上縁応力度 σ'_c を用いて表すと，それぞれ式(4.20)のようになる．

$$\left.\begin{array}{l} x : \sigma'_c = y : \sigma'_{cy} \qquad \therefore \sigma'_{cy} = \dfrac{\sigma'_c}{x} \cdot y \\[8pt] x : \sigma'_c = (x-d') : \dfrac{\sigma'_s}{n} \qquad \therefore \sigma'_s = \dfrac{n \cdot \sigma'_c}{x} \cdot (x-d') \\[8pt] x : \sigma'_c = (d-x) : \dfrac{\sigma_s}{n} \qquad \therefore \sigma_s = \dfrac{n \cdot \sigma'_c}{x} \cdot (d-x) \end{array}\right\} \quad (4.20)$$

圧縮側のコンクリートの圧縮合力 C'_c は，中立軸から y の位置における応力度 σ'_{cy} が作用する微小断面要素の面積を dA'_c とすれば，$\Delta C'_c (=\sigma'_{cy} \cdot dA'_c)$ を圧縮側全体について積分し，次のように表される．

$$C'_c = \int_0^x \sigma'_{cy} \cdot dA'_c$$

式(4.20)より，上式の σ'_{cy} を σ'_c で表すと，次のとおりとなる．

$$C'_c = \frac{\sigma'_c}{x} \int_0^x y \cdot dA'_c$$

圧縮鉄筋の圧縮合力 C'_s と，引張鉄筋の引張合力 T は，それぞれ次のように表される．

$$C'_s = A'_s \cdot \sigma'_s = n \cdot A'_s \cdot \frac{\sigma'_c}{x} \cdot (d-x)$$

$$T = A_s \cdot \sigma_s = n \cdot A_s \cdot \frac{\sigma'_c}{x} \cdot (d-x)$$

断面内の水平方向の力は釣り合うので，$\Sigma H = 0$ より $C'_c + C'_s = T$ となる．このことから，式(4.21)が得られる．

$$\frac{\sigma'_c}{x} \cdot \int_0^x y \cdot dA'_c + n \cdot A'_s \cdot \frac{\sigma'_c}{x} \cdot (x-d') = n \cdot A_s \cdot \frac{\sigma'_c}{x} \cdot (d-x)$$

$$\therefore \int_0^x y \cdot dA_c' + n \cdot A_s' \cdot (x - d') - n \cdot A_s \cdot (d - x) = 0 \tag{4.21}$$

式(4.21)の左辺は，等価換算断面の中立軸まわりの断面一次モーメントであり，$G = 0$ から中立軸位置 x が計算できる．

次に，中立軸まわりのモーメント M の釣合条件は，式(4.22)で表される．

$$M = \int_0^x \sigma_{cy}' \cdot y \cdot dA_c' + C_s' \cdot (x - d') + T \cdot (d - x)$$

$$= \frac{\sigma_c'}{x} \cdot \int_0^x y^2 \cdot dA_c' + n \cdot A_s' \cdot \frac{\sigma_c'}{x} \cdot (x - d')^2 + n \cdot A_s \cdot \frac{\sigma_c'}{x} \cdot (d - x)^2$$

$$= \frac{\sigma_c'}{x} I_i \tag{4.22}$$

ここに，$I_i = \int_0^x y^2 dA_c' + nA_s'(x - d')^2 + nA_s(d - x)^2 \tag{4.23}$

式(4.22)より，圧縮縁のコンクリートの応力度 σ_c' は，式(4.24)のようになる．

$$\sigma_c' = \frac{M}{I_i} \cdot x \tag{4.24}$$

圧縮鉄筋の応力度 σ_s' および引張鉄筋の応力度 σ_s は，式(4.25)および式(4.26)のようになる．

$$\sigma_s' = n \cdot \frac{M}{I_i} \cdot (x - d') \tag{4.25}$$

$$\sigma_s = n \cdot \frac{M}{I_i} \cdot (d - x) \tag{4.26}$$

a. 単鉄筋長方形断面の場合

鉄筋コンクリートでは，コンクリートの引張強度は小さいので引張応力は無視し，引張側に配置した鉄筋だけで引張力に抵抗させる．このような図4.6に示す断面を単鉄筋断面といい，圧縮側にも鉄筋を配置する場合を複鉄筋断面という．引張鉄筋量が大きく断面の幅に一列で配置できない場合には，図4.7に示すように，二段に配置する場合がある．この場合，有効高さ d は，引張鉄筋の図心位置までの距離とする．また，「長方形断面」は矩形断面と呼ばれることもある．

引張側のコンクリート面積を無視した断面一次モーメント $G = 0$ より，中立軸

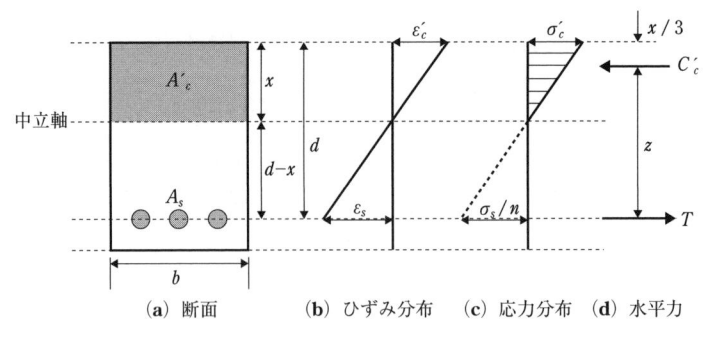

(a) 断面　　(b) ひずみ分布　　(c) 応力分布　　(d) 水平力

図 4.6 曲げを受ける単鉄筋長方形断面

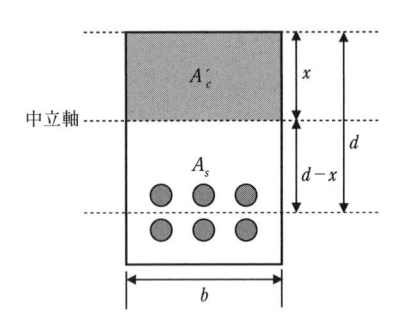

図 4.7 二段配筋の場合の鉄筋位置

位置 x は式(4.27)となる．

$$bx \cdot \frac{x}{2} - n \cdot A_s \cdot (d-x) = 0$$

$$\therefore x = \frac{-n \cdot A_s \pm \sqrt{(n \cdot A_s)^2 - b \cdot (-2 \cdot n \cdot d \cdot A_s)}}{b}$$

$$= \frac{n \cdot A_s}{b} \cdot \left(-1 + \sqrt{1 + \frac{2 \cdot b \cdot d}{n \cdot A_s}} \right) \tag{4.27}$$

$k = x/d$（k：中立軸位置係数），$p = A_s/bd$（p：鉄筋比）を用いて式(4.27)を表すと，次のようになる．

$$k = \sqrt{2 \cdot n \cdot p + (n \cdot p)^2} - n \cdot p$$
$$x = k \cdot d \tag{4.28}$$

中立軸位置が定まれば，等価換算断面の断面二次モーメントを計算することが

でき，式(4.23)に $dA'_c = b \cdot dy$ を用いれば，式(4.29)となる．

$$I_i = \int_0^x y^2 \cdot b \cdot dy + n \cdot A_s \cdot (d-x)^2$$

$$= \frac{b \cdot x^3}{3} + n \cdot A_s \cdot (d-x)^2 \tag{4.29}$$

コンクリートの圧縮上縁の応力度は，式(4.24)から求めることができる．また，断面に作用する外力モーメント M と断面の内力モーメント（抵抗偶力 = $C'_c \cdot z = T \cdot z$）との釣合いから，次式が成立する．z は，C'_c と T の作用位置間の距離であり，内力モーメントのアーム長と呼ばれる（図4.6(d)）．

$$M = C'_c \cdot z = \frac{\sigma'_c \cdot b \cdot x}{2} \cdot \left(d - \frac{x}{3}\right) \tag{4.30}$$

これより，コンクリート上縁の圧縮応力度は次のとおりとなる．

$$\sigma'_c = \frac{2 \cdot M}{b \cdot x \cdot \left(d - \dfrac{x}{3}\right)} \tag{4.31}$$

同様に，鉄筋に生じる引張応力度 σ_s は次のとおりとなる．

$$M = T \cdot z = \sigma_s \cdot A_s \cdot \left(d - \frac{x}{3}\right)$$

$$\sigma_s = \frac{M}{A_s \cdot \left(d - \dfrac{x}{3}\right)} \tag{4.32}$$

なお，アーム長 z は，$k = x/d$ を用いて次のように表される．

$$z = d - \frac{x}{3}$$

$$= j \cdot d$$

$$j = 1 - \frac{k}{3} \tag{4.33}$$

中立軸位置係数 k，応力中心距離係数 j および鉄筋比 p を用いると，式(4.31)および式(4.32)は，式(4.34)および式(4.35)のように表すことができる．

$$\sigma'_c = \frac{2 \cdot M}{k \cdot j \cdot b \cdot d^2} \tag{4.34}$$

$$\sigma_s = \frac{M}{p \cdot j \cdot b \cdot d^2} \tag{4.35}$$

b. T形断面の場合

 曲げを受ける部材では，引張応力度を生じるコンクリートの断面は計算上無視するので，腹部は引張鉄筋の配置およびコンクリートに所要のせん断耐力を確保できる面積があればよい．したがって，図 4.8 に示す T 形断面は，鉄筋コンクリートとして合理的である．T 形断面の突出している部分を突縁（フランジ），フランジ下部を腹部（ウエブ）という．

 T 形断面は，①正の曲げモーメントを受ける場合，②負の曲げモーメントを受ける場合，③中立軸が突縁の中にある場合，④中立軸が腹部にある場合の 4 つの場合があり，計算方法は次のとおりである．

 図 4.9(a) および (c) は T 形断面として取り扱い，(b) および (d) は点線で示した長方形断面として取り扱う．ただし，(c) は突縁の応力を無視すれば，(d) と同様に取り扱える．

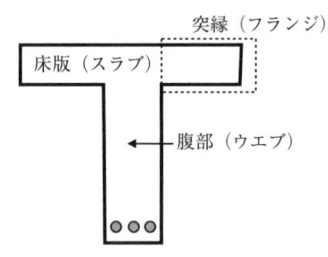

図 4.8 T 形断面の各部の名称

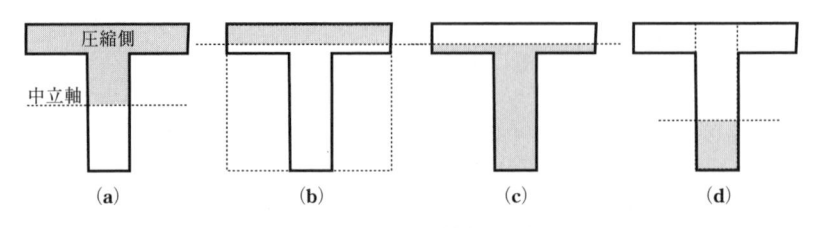

図 4.9 T 形断面の計算方法の変化

 図 4.10 の単鉄筋 T 形断面が正の曲げモーメントを受けるときの断面力（コンクリートおよび鉄筋の応力度）の計算を行う．

 中立軸位置 x を，中立軸まわりの断面一次モーメントが 0 となることを利用して求める．圧縮側コンクリートおよび鉄筋の中立軸まわりの断面一次モーメント G'_c および G_s は，それぞれ次のとおりとなる．

4.2 曲げを受ける部材の応力度

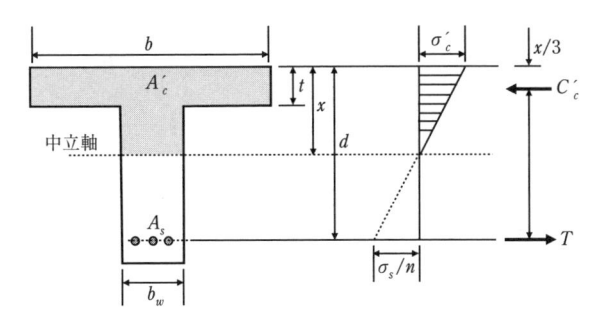

図 4.10 曲げを受ける T 形断面

$$\left.\begin{array}{l} G'_c = b \cdot x \cdot \dfrac{x}{2} - (b - b_w) \cdot (x - t) \cdot \dfrac{(x-t)}{2} = \dfrac{b \cdot x^2}{2} - \dfrac{(b - b_w) \cdot (x - t)^2}{2} \\[2mm] G_s = A_s \cdot (d - x) \end{array}\right\} \tag{4.36}$$

等価換算断面の中立軸まわりの断面一次モーメント $G_i = 0$ から,中立軸位置 x は次のとおりとなる.

$$\begin{aligned} G_i &= G'_c - n \cdot G_s \\ &= \dfrac{b \cdot x^2}{2} - \dfrac{(b - b_w) \cdot (x - t)^2}{2} - n \cdot A_s \cdot (d - x) = 0 \end{aligned} \tag{4.37}$$

$$x = \dfrac{1}{b_w}\left[-\{(b - b_w) \cdot t + n \cdot A_s\} + \sqrt{\{(b - b_w) \cdot t + n \cdot A_s\}^2 + b_w \{(b - b_w) \cdot t^2 + 2 \cdot n \cdot A_s \cdot d\}} \right] \tag{4.38}$$

コンクリートおよび鉄筋の応力度は,等価換算断面に関する断面二次モーメント I_i を用いて,以下のとおりとなる.

$$\left.\begin{array}{l} I_i = \dfrac{b \cdot x^3}{3} - \dfrac{(b - b_w) \cdot (x - t)^3}{3} + n \cdot A_s \cdot (d - x)^2 \\[2mm] \sigma'_c = \dfrac{M}{I_i} \cdot x \\[2mm] \sigma_s = n \cdot \dfrac{M}{I_i} \cdot (d - x) \end{array}\right\} \tag{4.39}$$

はりの高さに制限がある場合や，正負の曲げモーメントを受ける場合，圧縮側のコンクリート内部に圧縮鉄筋が配置される複鉄筋T形断面となる．この場合，圧縮鉄筋を考慮した等価換算断面について，式(4.21)〜式(4.26)の一般式で計算できる．

4.3　偏心軸方向力を受ける部材の応力度

(1) 偏心軸方向力で生じる断面力

軸方向圧縮力（軸力）が断面図心に作用する場合については，4.1(1)で述べたが，このように軸力だけが作用する部材を柱という．鉛直部材であっても，図4.11(a)のように，軸力が断面図心から距離 e だけ偏心して作用する場合，この部材の構造モデルは図4.11(b)のようになり，軸方向力 $N´$ と偏心軸方向力によって生じる曲げモーメント $M = N´ \cdot e$ が作用することとなる．

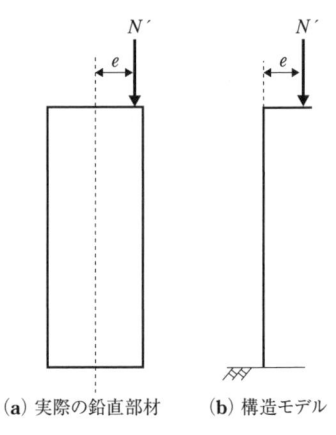

(a) 実際の鉛直部材　(b) 構造モデル

図4.11　偏心軸方向力による曲げモーメントの発生

(2) 断面のコア

軸方向力の作用位置が断面図心から離れる（偏心距離 e）と，断面内のコンクリートと鉄筋に生じる応力にも変化が生じる．偏心距離 e が0の場合の断面内の応力度は一様であるが，偏心距離が大きくなるに従って軸方向圧縮力の作用する側の縁圧縮応力度は増大する（図4.12(a)）．しかし，反対側の縁応力度が0となる偏心距離が存在し（図4.12(b)），さらに偏心距離が増大すると引張応力に変化する（図4.12(c)）．すなわち，断面内に生じている応力度が，すべて外力と同じ符号（方向）をもち，その最小値が0となる外力の作用位置の軌跡を得ることができる．この軌跡に囲まれた部分を，断面のコア（核）と呼ぶ．

図4.13の偏心軸方向力を受ける左右対称断面において，断面の対称軸上に軸方向圧縮力 $N´$ が作用するとき，縁圧縮応力度 σ_c または $\sigma_c´$ が0となる偏心距離 e を，コア距離または核半径という．図4.13に示す鉄筋コンクリート断面のコン

4.3 偏心軸方向力を受ける部材の応力度

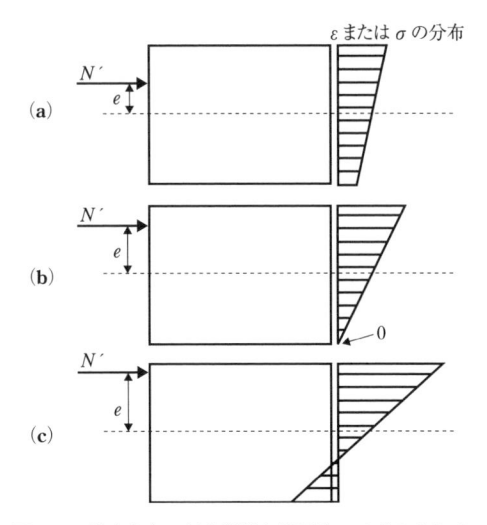

図 4.12 軸方向力の偏心距離と断面内のひずみまたは応力分布

クリートの縁圧縮応力度 σ_c または σ'_c は，等価換算断面積を A_i とし，等価換算断面に関する断面二次モーメント I_i を用いると，次のように表される．

$$\left.\begin{array}{l} \sigma_c = \dfrac{N'}{A_i} + \dfrac{N' \cdot e}{I_i} \cdot u \\[2mm] \sigma'_c = \dfrac{N'}{A_i} - \dfrac{N' \cdot e}{I_i} \cdot u' \end{array}\right\} \quad (4.40)$$

図 4.13 断面のコア

式 (4.40) の σ'_c を 0 とすると，e の値が図心線から上側のコア距離 c であり，e を $-e$ として σ_c を 0 とすると，e の値が図心線から下側のコア距離 c' である．すなわち，コア距離 c および c' は次のとおりとなる．

$$\left. \begin{array}{l} c = \dfrac{I_i}{A_i \cdot u'} \\[2mm] c' = \dfrac{I_i}{A_i \cdot u} \end{array} \right\} \tag{4.41}$$

(3) 相互作用図

　一定の断面に軸方向力が作用する場合，荷重作用の偏心距離 e によって軸方向力と曲げモーメントの比が変化し，終局耐力は e（$= M/N'$）によって変化する．これまで述べてきた，断面内での軸方向力の偏心だけでなく，図 4.14 のように門形ラーメンの水平部材に鉛直荷重 N' が作用する場合などにも適用できる．

　詳細は第 5 章で示すが（**5.3（4）**参照），部材が終局の状態となるときの軸方向圧縮力 N' と曲げモーメント M の関係を示す図は，相互作用図と呼ばれる．相互作用図は，模式的に示すと，図 4.15 のようになる．

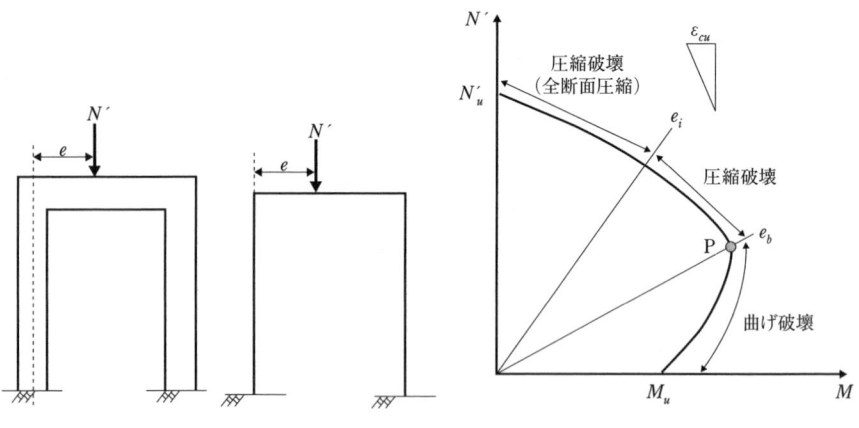

図 4.14　門形ラーメンの水平材への圧縮荷重の作用　　　図 4.15　相互作用図（模式図）

4.4　せん断力の作用

（1）モーメントの不釣合いとせん断力

　はりの断面 AB および断面 CD の間の微小区間 dx の両端面に働く曲げモーメントは等しくないので，図 4.16 のように端面に力 V を仮定して点 B まわりの

4.4 せん断力の作用

モーメントの釣合関係式を立てると，$V=dM/dx$となる．すなわち，近接断面で曲げモーメントMが変化する場合，モーメントの不釣合いを補う力としてせん断力Vが発生する．

せん断応力度に伴うせん断ひずみは，角度の変化であるゆがみを生じるので，直交方向に共役のせん断応力度を生じる．このことは，図4.17のように，はりを積層板とみなせば，板と板との間のずれを生じないようにはりの軸に平行なせん断応力度$τ'$が分布することも理解できる．

図4.16と図4.17をあわせて考えると，はりの断面間の距離dx，断面内の高さdyで，はり幅分の奥行bをもつ微小要素には，図4.18のようなせん断応力度と曲げにより生じる直応力度が分布し，この状態で釣り合っていることとなる．これらの関係においては，$(τbdy)dx-(τ'bdx)dy=0$となるので，$τ=τ'$となる．これらの大きさの等しいせん断応力度$τ$と$τ'$は共役の関係にあるので，共役せん断力とも呼ばれる．

曲げを受けるはりについて，距離がdxの平行な2断面を考える．dxだけ距離が異なることで，曲げモーメントにdMだけ差が生じる．このことから，2つの断面間では，直応力度として

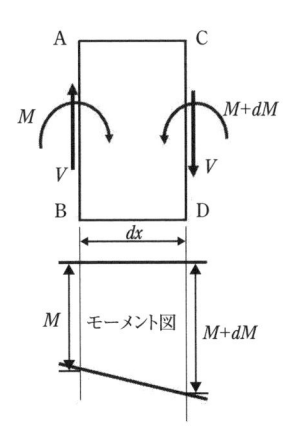

図4.16 モーメントとせん断力の関係

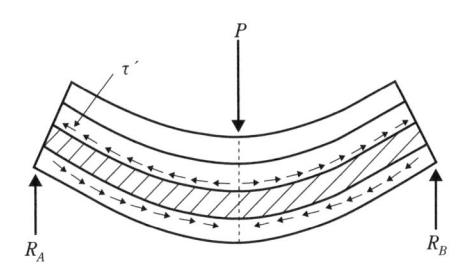

図4.17 はり軸に平行なせん断応力度

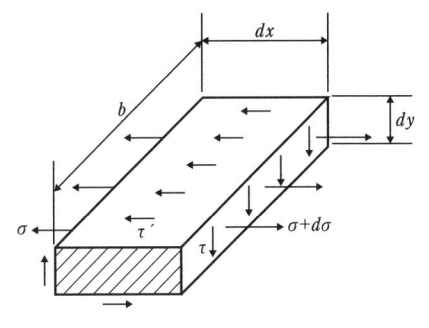

図4.18 はり内部の微小要素に生じる応力度

$d\sigma$ の差が生じる．中立軸からの距離を y とすれば，$d\sigma$ は次式で与えられる．

$$d\sigma = \frac{dM}{I} \cdot y \tag{4.42}$$

断面間の距離 dx，はり幅 b，中立軸からの距離 y が y_1 で構成される要素には，図 4.19 のように，上面にせん断応力度 τ'_1 が作用している．この要素の水平方向の力の釣合いは，次式で表される．

$$\int_{y_1}^{y} \sigma \cdot bdy + \tau'_1 bdx - \int_{y_1}^{y} (\sigma + d\sigma) \cdot bdy = 0$$

$$\tau'_1 bdx - \int_{y_1}^{y} d\sigma bdy = 0 \tag{4.43}$$

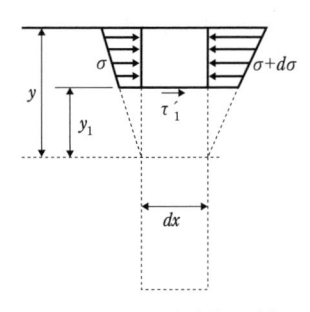

図 4.19 せん断応力度の誘導

式(4.42)を用いると，式(4.43)は次のようになり，せん断応力度 τ'_1 は式(4.44)で表される．

$$\tau'_1 bdx = \frac{dM}{I} \int_{y_1}^{y} ybdy$$

$$\tau'_1 = \frac{1}{bI} \cdot \frac{dM}{dx} \int_{y_1}^{y} ybdy \tag{4.44}$$

そして，$\int_{y_1}^{y} ybdy = \int_{y_1}^{y} ydA = G_1$ であり，$dM/dx = V$ の関係を用いると，式(4.44)は式(4.45)のようになる．

$$\tau'_1 = \frac{V}{bI} G_1 \tag{4.45}$$

ここで，G_1 は，距離 y_1 から中立軸と反対方向にある部分の中立軸に関する断面一次モーメントである．τ' と τ は同じ大きさであるので，式(4.45)は τ の計算式としても使用できる．

図 4.20 の任意断面の鉄筋コンクリートはりに，曲げモーメントが作用するときのせん断応力度の計算を行う．鉄筋コンクリートの場合，式(4.45)での G_1 と I が，これまでと同様，換算断面の断面一次モーメントと換算断面の断面二次モーメントである．

中立軸から v の高さより情報の部分（ハッチング部分）に作用する力の釣合条件式は，次のとおりである．

$$\int_{v}^{x} b_y \sigma'_y dy + \sigma'_s A'_s + \tau_v b_v dl = \int_{v}^{x} b_y (\sigma'_y + d\sigma'_y) dy + (\sigma'_s + d\sigma'_s) A'_s$$

4.4 せん断力の作用

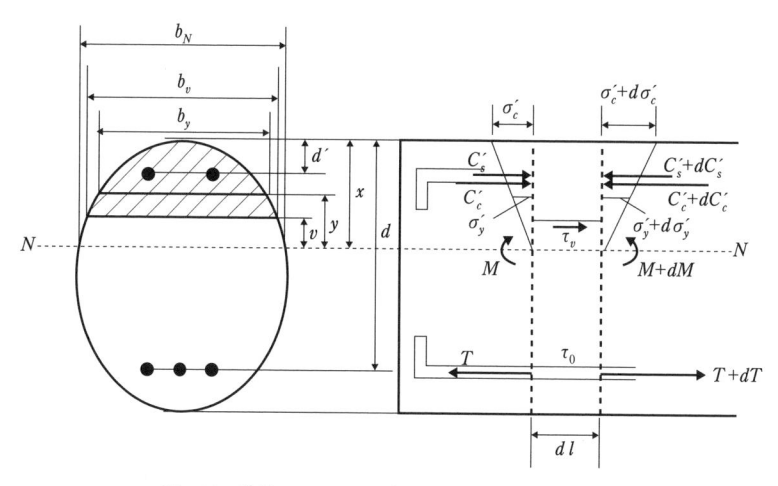

図4.20 鉄筋コンクリート内のせん断応力（任意断面）

$$\tau_v b_v dl = \int_v^x b_y \sigma'_y dy + d\sigma'_s A'_s \tag{4.46}$$

ここに，τ_v：高さ v におけるせん断応力度（N/mm²），b_v：高さ v における腹部の幅（mm）．

$$\sigma'_y = \frac{M}{I_i} y$$

より

$$\frac{d\sigma'_y}{dl} = \frac{y}{I_i} \frac{dM}{dl} = \frac{y}{I_i} V$$

$$\frac{d\sigma'_s}{dl} = n \frac{(n-d')}{I_i} \frac{dM}{dl} = n \frac{(n-d')}{I_i} V$$

$$\tau_v = \frac{1}{b_v} \left[\int_v^x \frac{d\sigma'_y}{dl} dy + \frac{d\sigma'_s}{dl} A'_s \right]$$

$$= \frac{V}{b_v I_i} \left[\int_v^x b_y y dy + nA'_s(x-d') \right]$$

$$\tau_v = \frac{V G_v}{b_v I_i} \tag{4.47}$$

ここに，G_v：高さ v から上縁までの換算断面の中立軸に関する断面一次モーメン

ト（mm³）．

（2）せん断応力度と主応力

曲げを受けるはりには，中立軸より上側（圧縮側）では軸方向の圧縮応力とせん断応力が，中立軸位置ではせん断力のみが，そして，中立軸より下側（引張側）では軸方向の引張応力とせん断応力が作用する．これらの応力の組合せの状態によって，図4.21のように，斜め方向の応力が生じる．この応力は主応力と呼ばれ，最大主応力（斜め引張応力 σ_1），最小主応力（斜め圧縮応力 σ_2）がある．斜め

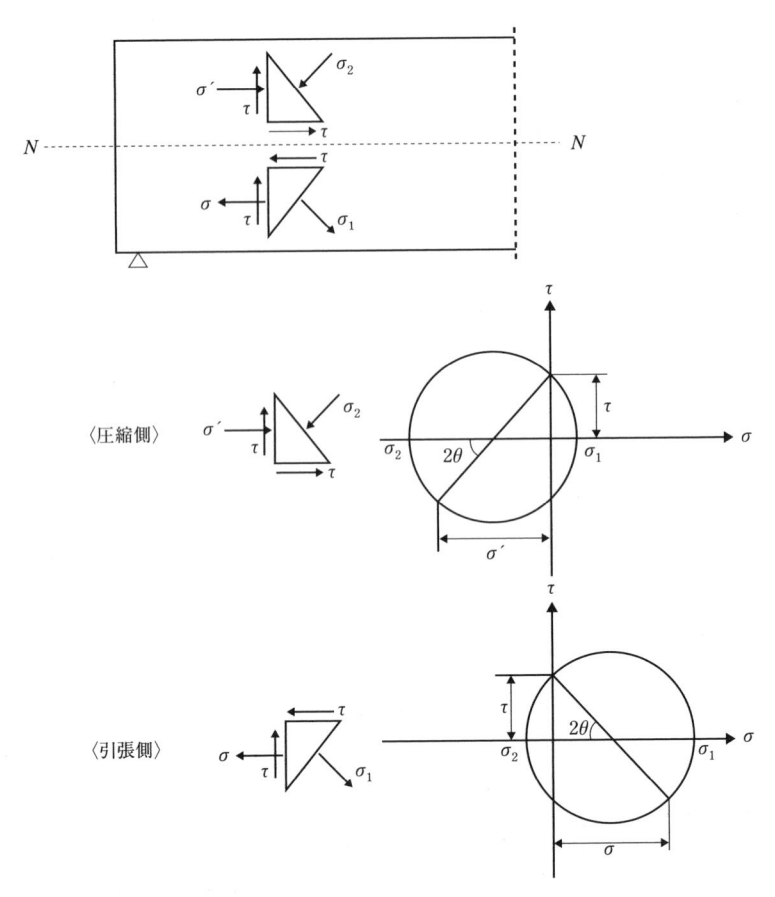

図4.21 軸方向応力とせん断応力による主応力

引張応力と斜め圧縮応力の大きさと方向は，次のように表される．

$$\left.\begin{array}{l}\sigma_1 \\ \sigma_2\end{array}\right\} = \frac{\sigma}{2} \pm \sqrt{\frac{\sigma^2}{4} + \tau^2} \\ \tan2\theta = \frac{2\tau}{\sigma} \quad\quad\quad\quad (4.48)$$

ここに，σ_1：斜め引張応力度，σ：軸方向応力度，τ：せん断応力度，θ：斜め引張応力度が生じる面（主応力面）がはりの軸線となす角．

図4.22に，等分布荷重を受ける単純支持の弾性はり内の主応力の方向線を示す．主応力面の角度は，支承付近で45°および135°，スパン中央付近で90°となり，中立軸においては常に軸方向応力度が0であるので，45°および135°となる．

σ_1：最大主応力（引張り）
σ_2：最小主応力（圧縮）

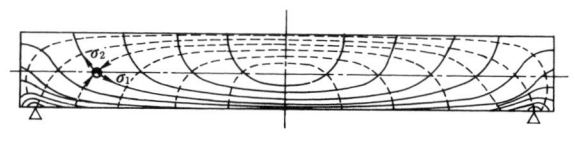

図4.22 弾性ばりの主応力線

（3） はりの主応力とひび割れ

鉄筋コンクリートはりが曲げを受けた場合，コンクリートの引張強度は圧縮強度よりも小さいので，最大主応力（引張応力）の作用方向に直交するひび割れを生じる．一般に，曲げモーメントが卓越する支間中央部に鉛直方向のひび割れ（曲げひび割れ）が発生する．さらに荷重作用が増大すると，支承近傍に斜め方向のひび割れ（斜め引張ひび割れ）を生じる．

4.5 鉄筋コンクリートはりの挙動

鉄筋コンクリートを弾性体とみなした常用計算式を，これまで説明してきた．ここからは，これらの計算式の適合性，ならびにひび割れ発生前から終局に至るまでの鉄筋コンクリートはりの力学的挙動を，試験体の曲げ載荷の結果によって説明する．

（1）試験体の条件

- コンクリートの品質：強度 $f'_c = 24.0 \text{ N/mm}^2$，引張強度 $f_t = 0.23 f'_c{}^{2/3} = 1.91 \text{ N/mm}^2$，ヤング係数は表 2.1 から $E_c = 25 \text{ kN/mm}^2$，ヤング係数比 $n = E_s/E_c = 8$
- 鉄筋の品質：呼び名 D16 の異形棒鋼，種類 SD395，降伏点は試験結果から $f_{sy} = 411 \text{ N/mm}^2$
- はりの断面：断面の幅 $b = 150 \text{ mm}$，断面の高さ $h = 250 \text{ mm}$，有効高さ $d = 220 \text{ mm}$，引張鉄筋 2-D16
- 載荷条件：支間 $l = 1\,300 \text{ mm}$，支間中央 400 mm の区間で 2 点載荷（図 4.23）

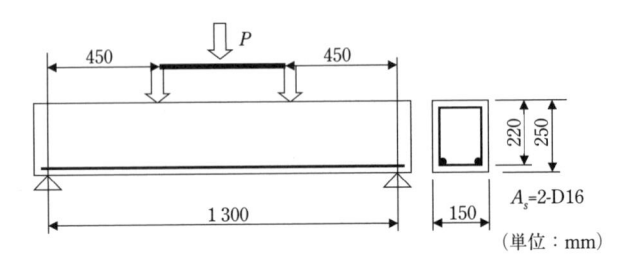

図 4.23 はりの載荷方法

（2）ひずみ分布と中立軸の変化

はりの圧縮上縁，側面および鉄筋に貼付したひずみゲージで測定したひずみ分

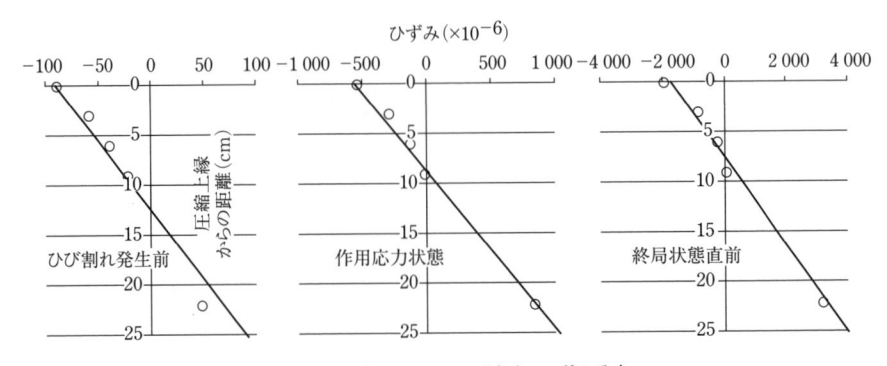

図 4.24 荷重レベルによる断面のひずみ分布

布を図 4.24 に示す.ひび割れ発生前,作用応力状態および終局直前の曲げモーメントの作用によるひずみは,コンクリートの圧縮ひずみから鉄筋の引張ひずみの全体が直線的に分布し,平面保持の仮定が成立している.

中立軸位置は,断面一次モーメント $G=0$ として計算できる.曲げひび割れ発生前は全断面が有効とし,ひび割れ発生後は引張側のコンクリート断面を無視して求める.

ひび割れ発生前の中立軸位置

$$x = \frac{\frac{bh^2}{2} + nA_s d}{bh + nA_s} = \frac{\frac{150 \times 250^2}{2} + 8 \times 397.2 \times 220}{150 \times 250 + 8 \times 397.2} = 132.4 \quad (\text{mm})$$

ひび割れ発生後の中立軸位置は,式(4.27)から求められる.

$$x = \frac{nA_s}{b}\left(-1 + \sqrt{1 + \frac{2bd}{nA_s}}\right) = \frac{8 \times 397.2}{150}\left(-1 + \sqrt{1 + \frac{2 \times 150 \times 220}{8 \times 397.2}}\right)$$
$$= 77.7 \quad (\text{mm})$$

ひずみ分布から求めた中立軸位置の曲げモーメントによる変化を図 4.25 に示す.中立軸位置は,曲げひび割れの進展によって上昇し,作用応力状態では一定値に安定している.終局時には,鉄筋の降伏による引張ひずみの急増によって圧縮上縁のコンクリートのひずみは限界値に近づく.このコンクリート圧壊直前の中立軸位置は,鉄筋の引張合力とコンクリートの圧縮限界ひずみまでの圧縮合力の釣合いから定まる(第 5 章参照).ひび割れ発生前の中立軸位置の測定値は計

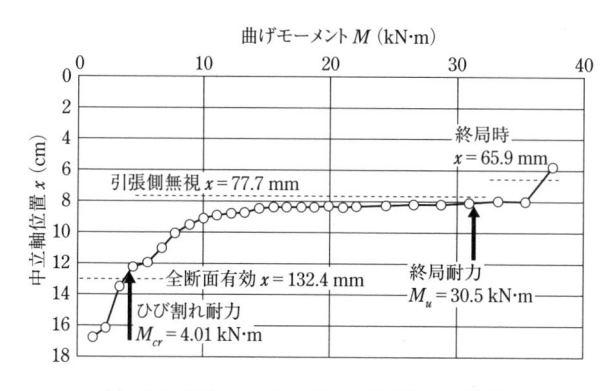

図 4.25 曲げモーメントによる中立軸位置の変化

算値より大きくなっているが，これは測定値が小さいことによる誤差であり，全体にわたって計算結果は実測値を近似している．

（3） ひび割れ発生モーメント

はりに作用する曲げモーメントが増大し，下縁コンクリートの応力度が引張強度に達するとひび割れが発生する．曲げひび割れ発生モーメントは，土木学会示方書による曲げひび割れ強度を用いれば，次のように推定できる．

破壊エネルギーは式(2.8)から

$$G_F = 10(d_{max})^{1/3} f_{ck}^{'1/3}$$
$$= 10 \times 20^{1/3} \times 24.1^{1/3} = 78.4 \quad (N/m)$$

特性長さは式(2.9)から

$$l_{ch} = \frac{G_F E_c}{f_{tk}^2}$$

$$= \frac{78.4 \times 25.1}{1.92^2} = 0.5338 \quad (m)$$

曲げひび割れ強度は式(2.6)から

$$k_{1b} = \frac{0.55}{\sqrt[4]{h}}$$

$$= \frac{0.55}{\sqrt[4]{0.250}} = 0.778 \geq 0.4$$

$$k_{0b} = 1 + \frac{1}{0.85 + 4.5\left(\dfrac{h}{l_{ch}}\right)}$$

$$= 1 + \frac{1}{0.85 + 4.5\left(\dfrac{250}{534}\right)} = 1.43$$

$$f_{bcd} = k_{0b} k_{1b} f_{tk}$$
$$= 1.43 \times 0.778 \times 1.91 = 2.13 \quad (N/mm^2)$$

ひび割れ発生前の全断面を有効とした中立軸位置および断面二次モーメントを用い，引張下縁のコンクリート応力度が曲げひび割れ強度に達するときのモーメ

ントとして，曲げひび割れ発生モーメントを式(4.15)から計算する．

$$I_0 = \frac{b[x^3 + (h-x)^3]}{3} + nA_s(d-x)^2$$

$$= \frac{150[132^3 + (250-132)^3]}{3} + 8 \times 397.2 \times (220-132)^2$$

$$= 221.7 \times 10^6 \quad (\text{mm}^4)$$

$$M = f_{bck}\frac{I}{h-x} = 2.13 \times \frac{221.7 \times 10^6}{250-132} = 4.01 \quad (\text{kN·m})$$

このひび割れモーメントを超えると，図4.25に示したように，中立軸位置が上昇し始め，ひび割れが進展した後に定常状態に至る．

（4） 鉄筋およびコンクリートの応力度

　鉄筋およびコンクリート応力度の実測値は，ひずみの測定値にそれぞれのヤング係数を乗じて求めた値として図4.26に示す．鉄筋およびコンクリート応力度の計算値は，式(4.32)および式(4.31)から求め，図中に直線で示されている．鉄筋およびコンクリート応力度の計算値は，実測値を良好に近似している．

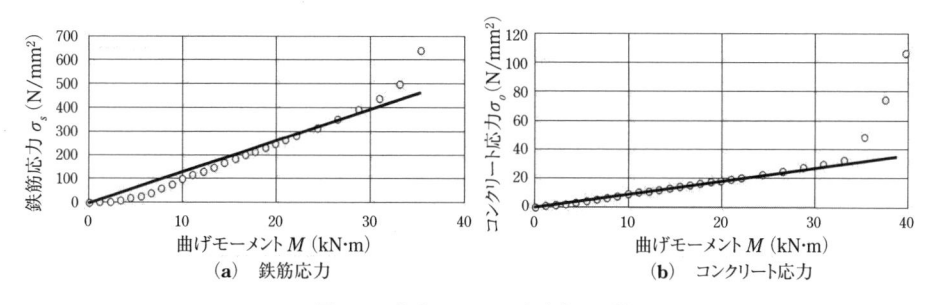

図4.26 曲げモーメントと応力の関係

　鉄筋コンクリートはりの引張鉄筋の応力度は，曲げひび割れ発生前ではコンクリートの引張抵抗の寄与によって，モーメントの増加に対する応力増加の割合が小さい．しかし，曲げひび割れの進展によって，引張側のコンクリート断面を無視した計算式の値に近づく．図4.25および図4.26に示す中立軸位置および応力

度の曲げモーメントによる変化からわかるように，コンクリートの引張抵抗に対する寄与を無視しても影響は小さい．コンクリートの引張抵抗を無視した計算は，安全側の結果を与えるとともに，はりの終局状態の近傍までの広範囲の応力状態の算定に適用することができる．終局曲げ耐力の計算は第5章で説明されている．

（5） ひび割れ発生状況

　曲げモーメントが大きな単純ばりの支間中央部のコンクリート下縁応力度が，曲げひび割れ強度に達すると，図4.25に示したように，鉛直方向にひび割れが発生する．一旦ひび割れが発生すると，曲げひび割れ近傍のコンクリートの引張応力は解放され，ひび割れ断面の鉄筋はコンクリートが分担していた引張力も負担することになる．鉄筋とコンクリートとの付着応力によって，鉄筋の応力度はコンクリートに伝達され，伝達応力度がコンクリートの引張強度に達すると，新たにひび割れが形成されて分散（数多く発生）する．丸鋼よりも異形鉄筋のほうが付着強度が大きいので，応力伝達が効率よく行われてひび割れ間隔は小さくなる．ひび割れ幅はその両側のひび割れ間隔の1/2区間の鉄筋とコンクリートとのひずみ差の累計である．異形鉄筋を用いる場合のほうが丸鋼の場合よりもひび割れ間隔が小さく，ひび割れ幅が小さくなる．ひび割れ幅が小さいほど鉄筋の露出幅が小さく，鉄筋の腐食が抑制されるので，異形鉄筋の使用は鉄筋コンクリート部材の耐久性の確保のために効果がある．

　一方，荷重増大に伴ってせん断力が増加し，曲げモーメントの小さい支点に近い区間の中立軸位置において，せん断応力度に相当する最大主応力が大きくなる．この結果，最大主応力がコンクリートの引張強度に達すると，主応力に直交する方向の45°または135°方向にひび割れを生じ，これを斜め引張ひび割れという．図4.27に，鉄筋コンクリート単純ばりの典型的なひび割れパターンと一般的な

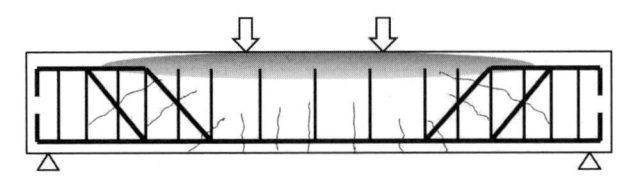

図4.27 鉄筋コンクリートはりの典型的なひび割れパターンと配筋

配筋を重ねて示す．支間中央下部の鉛直方向の曲げひび割れに対して引張鉄筋が抵抗し，斜め引張ひび割れに対しては折曲鉄筋とスターラップが抵抗する．支間中央上部はコンクリートが圧縮力に対して抵抗する．このように鉄筋コンクリート各部の力の分担は，トラス構造に類似（トラスアナロジー）している．引張鉄筋はトラスの下弦材，コンクリートは上弦材，折曲鉄筋は斜材，スターラップは鉛直材の役割を果たしている．

（6）たわみ

4.2（2）で示したとおり，曲げモーメント M を受ける鉄筋コンクリートはりの曲率半径 ρ，中立軸まわりの断面二次モーメント I，ヤング係数 E の間には式(4.14)に示す関係があり，これはたわみの二階微分に相当する．

$$\frac{d^2y}{dx^2} = \frac{1}{\rho} = \frac{M}{EI} \tag{4.49}$$

したがって，はりのたわみ y は，弾性荷重（M/EI）による曲げモーメントを求めればよい．ただし，はり全体は曲げひび割れの発生によって断面の曲げ剛性は一様でない．支間中央部の曲げ剛性は引張側コンクリート面積を無視し，側支間は全断面有効の曲げ剛性を仮定すると，図4.28に示す弾性荷重が得られ，こ

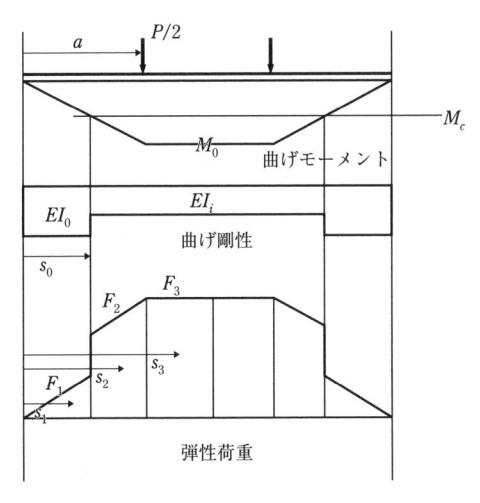

図 4.28　弾性荷重

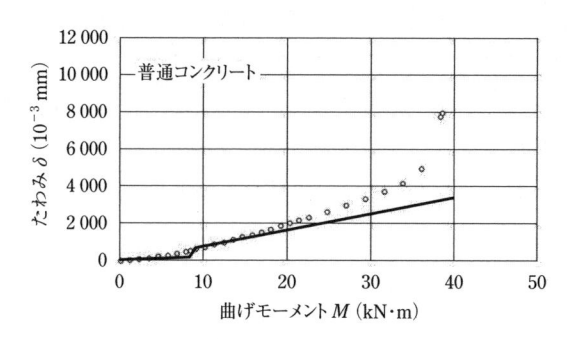

図 4.29　曲げモーメントによるたわみの変化

のモーメント（たわみ）を求め，実測値とともに図 4.29 に示す．このような概略的な仮定によるたわみの計算値は，使用状態のたわみを良好に推定することができる．たわみの設計計算などに用いる部材の曲げ剛性は，第 6 章で示されている．

第5章 安全性に関する照査

5.1 設計応答値と安全性の照査

(1) 一般

1) 構造物の安全性は，想定される荷重等の作用によって，使用者や周辺の人の生命・財産を脅かさないことを意味する．

2) 構造物が静定である場合には荷重作用による部材断面の破壊は構造物の崩壊につながるが，不静定である場合には部材断面の破壊が構造物の崩壊に至るとは限らない．また，構造物の機能が喪失する安全性も考えられるが，本章では断面破壊の安全性を主として説明する．

3) なお，繰返し荷重による疲労破壊および地震等の影響による破壊や崩壊も安全性の検討対象であるが，疲労破壊に対する安全性の照査は第7章で，耐震性に対する安全性の照査は第8章で説明する．

(2) 設計断面力と設計断面耐力

1) 設計断面力 S_d は，構造物の形状，支持条件，荷重状態に応じた構造解析モデルを設定し，一般に線形解析によって求める．

2) 断面破壊の限界状態に対する安全性の検討は，静的最大荷重に対して行い，変動荷重は設計断面に最も不利となるように載荷し，設計荷重 F_d の応答値である部材の設計断面力 S_d を算定し，これに構造解析係数 γ_a を乗じた値を合計して求める．

$$S_d = \sum \gamma_a S(F_d) \tag{5.1}$$

なお，部材を線形として設計応答値の算定を行った場合には，構造解析係数 γ_a は 1.0 としてよい．

3) 設計断面耐力 R_d は，使用材料の強度と断面条件から算定し，すなわち設計強度 f_d を用いて部材断面の耐力 R（R は f_d の関数）を算定し，これを部材係数 γ_b で除して求める．部材係数 γ_b は，一般に 1.3 を用いてよい．

$$R_d = \frac{R(f_d)}{\gamma_b} \tag{5.2}$$

設計断面耐力の具体的な算定方法は，5.2 以降で説明する．

(3) 照査の方法

断面破壊に対する安全性の照査は，設計断面耐力 R_d に対する設計断面力 S_d の比に，構造物係数 γ_i を乗じた値が 1.0 以下を満足することで判定する．

$$\gamma_i \frac{S_d}{R_d} \leqq 1.0 \tag{5.3}$$

5.2 設計断面耐力算定の仮定

1) 曲げモーメントおよび曲げモーメントと軸方向力を受ける部材の設計断面耐力は，以下の①〜⑤の仮定に基づいて計算してよい．その場合，部材係数 γ_b は一般に 1.1 としてよい．

① 維ひずみは，断面の中立軸からの距離に比例する．
② コンクリートの引張応力は無視する．
③ コンクリートの応力－ひずみ曲線は，図 2.3 によるのを原則とする．
④ 鋼材の応力－ひずみ曲線は，図 2.7 によるのを原則とする．
⑤ 部材断面のひずみがすべて圧縮となる場合以外は，コンクリートの圧縮応力度の分布を図 5.1 に示す長方形（等価応力ブロック）としてよい．

5.2 設計断面耐力算定の仮定

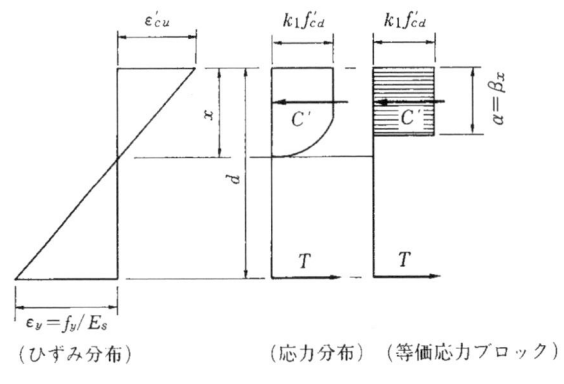

図 5.1 等価応力ブロック

2) 曲げモーメントの作用が卓越する部材断面の断面破壊の限界状態は，一般に引張鉄筋が降伏し，コンクリートの圧縮合力が鉄筋の引張合力に釣り合う状態となる位置まで中立軸が移動することによって，圧縮縁ひずみが急増して破壊する．

3) 部材断面の圧縮合力 C' は，図 5.1 に示すように，ひずみはその直線分布から断面高さに比例するので，コンクリートの最大圧縮応力度を $k_1 f'_{cd}$ とした応力－ひずみ曲線の合力を求めることに帰着する．

$$C' = \int_0^x \sigma_c b\, dy = \int_0^{x_1} \sigma_c b\, dy + \int_{x_1}^x \sigma_c b\, dy$$

x_1 はコンクリートの応力－ひずみ曲線図（図 2.3）で塑性域が始まるひずみ $\varepsilon'_c = 0.002$ となる位置であり，$dy = (x/\varepsilon'_{cu}) \cdot d\varepsilon'_c$ であるから

$$C' = k_1 b f'_{cd} \left[\int_0^{0.002} \left\{ \frac{\varepsilon'_c}{0.002} \left(2 - \frac{\varepsilon'_c}{0.002} \right) \right\} \frac{x}{\varepsilon'_{cu}} d\varepsilon'_c + \int_{0.002}^{\varepsilon'_{cu}} \frac{x}{\varepsilon'_{cu}} d\varepsilon'_c \right]$$

$$= k_1 f'_{cd} b \beta x \tag{5.4}$$

4) コンクリートが高強度になるほど，部材耐力から逆算されるコンクリート強度が円柱供試体から求めた値よりも小さくなるため，$50\,\text{N/mm}^2$ を超える範囲では，式(5.5)によって，k_1（強度低減係数）を 0.85 以下に小さくする．

5) また，コンクリートの終局圧縮ひずみ ε'_{cu} は，コンクリート強度の増加に伴うぜい性的な破壊性状を考慮するために，式(5.6)に示すように，$50\,\text{N/mm}^2$ 以

上では 0.0035 以下に低減させる.

6) 応力-ひずみ曲線の面積は，式(5.4)に示したように，等価応力ブロックを仮定すると容易に計算できる．等価応力ブロックの高さ a を βx で表し，応力分布と等価応力ブロックでの大きさおよび合力の作用位置とを一致させると， β は式(5.7)に示すように終局ひずみによって変化する．

$$k_1 = 1 - 0.003 f'_{ck} \leq 0.85 \tag{5.5}$$

$$\varepsilon'_{cu} = \frac{155 - f'_{ck}}{30\,000} \quad 0.0025 \leq \varepsilon'_{cu} \leq 0.0035 \tag{5.6}$$

$$\beta = 0.52 + 80\varepsilon'_{cu} \tag{5.7}$$

ただし, $f'_{ck} \leq 80\,\mathrm{N/mm^2}$

この仮定に基づいて断面耐力を計算する場合，部材係数 γ_b は一般に 1.1 としてよい．

5.3 曲げモーメントおよび軸方向力に対する安全性の照査

（1） 曲げを受ける部材

a. 単鉄筋長方形断面

単鉄筋長方形断面（図 5.2）の引張鉄筋の降伏による終局曲げモーメントは $C' = T$ より，等価応力ブロックの高さ a を求め，内力モーメントを式(5.9)から求める．

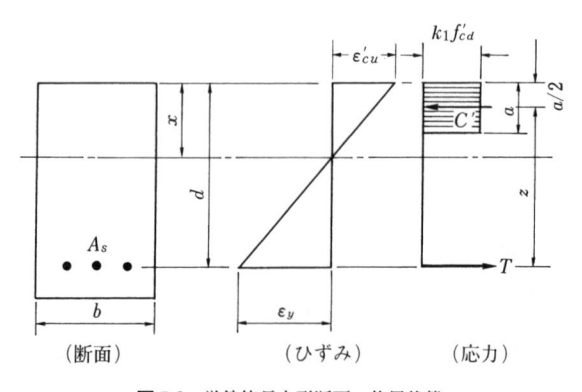

図 5.2 単鉄筋長方形断面の終局状態

5.3 曲げモーメントおよび軸方向力に対する安全性の照査

$$a = \frac{p f_{yd}}{k_1 f'_{cd}} d \tag{5.8}$$

$$M_u = f_{yd} A_s z = f_{yd} p b d^2 \left(1 - \frac{p f_{yd}}{2 k_1 f'_{cd}}\right) \tag{5.9}$$

ここに，$p = \dfrac{A_s}{bd}$

設計断面耐力 M_{ud} は，断面耐力 M_u を部材耐力 γ_b で除して求める．

$$M_{ud} = \frac{M_u}{\gamma_b} \tag{5.10}$$

b. 複鉄筋長方形断面

複鉄筋長方形断面（図 5.3）の終局状態で，引張鉄筋および圧縮鉄筋がともに降伏しているとすれば

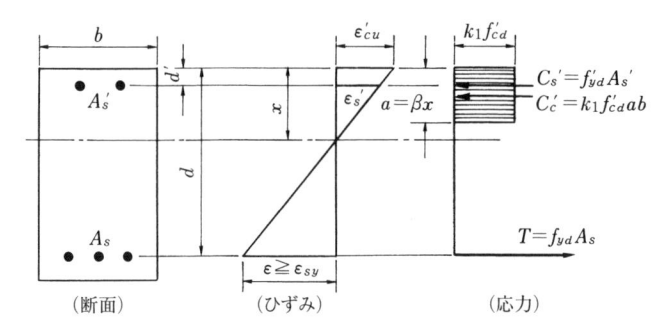

図 5.3 複鉄筋長方形断面の終局状態

$$\left.\begin{array}{l} C' = C'_c + C'_s = k_1 f'_{cd} \beta x b + f'_{yd} A'_s \\ T = f_{yd} A_s \end{array}\right\} \tag{5.11}$$

$T = C'$ より，等価応力ブロックの高さ $a(=\beta x)$ は

$$a = \frac{f_{yd} A_s - f'_{yd} A'_s}{k_1 f'_{cd} b} = \frac{p f_{yd} - p' f'_{yd}}{k_1 f'_{cd}} d \tag{5.12}$$

ここに，$p' = \dfrac{A'_s}{bd}$

設計曲げ耐力 M_{ud} は

$$M_{ud} = \frac{k_1 f'_{cd} ab(d-a/2) + f_{yd} A'_s (d-d')}{\gamma_b} \tag{5.13}$$

ただし，圧縮鉄筋が降伏していることを確かめなければならない．

c. 安全性の照査

1) 断面破壊の限界状態に対する照査は，設計断面曲げ耐力 M_{ud} に対する設計断面力 M_d の比に，構造物係数 γ_i を乗じた値が 1.0 以下であることを確かめる．この場合，γ_i は 1.0〜1.2 とする．

$$\frac{\gamma_i M_d}{M_{ud}} \leq 1.0 \tag{5.14}$$

2) なお，部材断面の引張鉄筋比が極端に小さい場合，ひび割れ発生とともに鉄筋が降伏してぜい性的な破壊を生じることがないよう，引張鉄筋比は 0.2% 以上配置しなければならない．また，T 形断面の場合は，コンクリートの有効断面積（有効高さ d×腹部幅 b_w）の 0.3% 以上の引張鉄筋を配置する．一方，鉄筋量があまりにも多い場合には，コンクリートの破壊が先行してぜい性的な破壊を生じるおそれがある．したがって，引張鉄筋比の最大値は，式(5.15)に示す終局状態の釣合鉄筋比 p_b の 75% 以下とする．

$$p_b = a \cdot \frac{\varepsilon'_{cu}}{\varepsilon'_{cu} + f_{yd}/E_s} \cdot \frac{f'_{cd}}{f_{yd}} \tag{5.15}$$

ここに，$a = 0.88 - 0.004 f'_{ck} \leq 0.68$

(2) 偏心軸方向圧縮力を受ける部材

a. 設計断面耐力

1) 荷重が断面図心から偏心して作用すると，軸方向圧縮力 N' と曲げモーメント M を生じる．高さ h の断面に軸方向力が偏心距離 e で作用する場合，$e/h \geq 10$ であれば軸方向力の影響は小さくなるので，終局状態の曲げモーメントに対して軸方向力の影響を無視してもよい．こうすることによって，計算が簡便になるとともに安全側の検討ができる．

2) 偏心荷重を受ける複鉄筋長方形断面の設計断面耐力は，後出の図 5.4 を参照して，軸方向力および曲げモーメントの釣合関係から，次のように導かれる．単鉄筋長方形断面の場合は，A'_s を 0 として計算する．

コンクリートの全断面が圧縮強度に，また鉄筋が降伏応力に達した塑性状態の断面図心の圧縮縁からの距離 y_0 は，下側鉄筋 A_s の図心に関するモーメントを考えて

$$N_0' = k_1 f_{cd}' bh + f_{yd}' A_s' + f_{yd} A_s$$

$$y_0 = d - \frac{k_1 f_{cd}' bh \left(d - \frac{h}{2}\right) + f_{yd}' A_s'(d - d')}{N_0'} \tag{5.16}$$

コンクリートの圧縮縁ひずみ ε_{cu}'，引張鉄筋のひずみ ε_s および圧縮鉄筋のひずみ ε_s' の関係は，平面保持の仮定から

$$\left.\begin{array}{l} \varepsilon_s = \dfrac{d - x}{x} \varepsilon_{cu}' \geq \varepsilon_{yd} \\[2ex] \varepsilon_s' = \dfrac{x - d'}{x} \varepsilon_{cu}' \end{array}\right\} \tag{5.17}$$

圧縮鉄筋は，その位置によって，降伏している場合としていない場合がある．

ⅰ) 圧縮鉄筋が降伏している場合

中立軸が断面内にある場合，すなわち偏心荷重が断面のコア外に作用する場合には，等価応力ブロックを仮定することができるので，コンクリート，圧縮鉄筋および引張鉄筋の合力は

$$\left.\begin{array}{l} C_c' = k_1 f_{cd}' \beta x b = k_1 f_{cd}' ab, \quad C_s' = f_{yd}' A_s' \\ T = f_{yd} A_s \end{array}\right\} \tag{5.18}$$

軸方向力の釣合条件から，軸方向耐力 N_u' は

$$N_u' = C_c' + C_s' - T \tag{5.19}$$

塑性状態の断面図心に関する曲げモーメントの釣合条件から，曲げ耐力 M_u は

$$M_u = N_u' e = C_c' \left(y_0 - \frac{a}{2}\right) + C_s'(y_0 - d') + T(d - y_0) \tag{5.20}$$

式(5.18)を式(5.20)に代入して $e' = e - y_0$ として整理すれば

$$C_c\left(e' + \frac{a}{2}\right) + C_s'(e' + d') - T(e' + d) = 0$$

$$\beta x = a = -e' + \sqrt{e'^2 - \frac{d}{k_1}\left[p'(e' + d')\frac{f_{yd}'}{f_{cd}'} - p(e' + d)\frac{f_{yd}}{f_{cd}'}\right]} \tag{5.21}$$

中立軸位置 x が求まるので，ひずみの条件式(5.17)によって，$\varepsilon'_s \geqq \varepsilon'_{yd}$ となっていることを確かめる．条件を満足していれば，設計断面軸方向耐力 N'_{ud} および設計曲げ耐力 M_{ud} は式(5.22)となる．

$$N'_{ud} = \frac{N'_u}{\gamma_b}, \qquad M_{ud} = \frac{M_u}{\gamma_b} \tag{5.22}$$

ⅱ) 圧縮鉄筋が降伏していない場合

$\varepsilon'_s \geqq \varepsilon'_{yd}$ を満足していない場合，式(5.18)の圧縮鉄筋の合力を

$$C'_s = f'_s A'_s = \frac{x - d'}{x} \varepsilon'_{cu} E_s A'_s \tag{5.23}$$

として，軸方向力の釣合いおよび曲げモーメントの釣合式を立てて，$a\ (=\beta x)$ に関する三次方程式を解き，中立軸位置を求める．

$$a^3 + 2e'a^2 + \frac{2d}{k_1}\left[p'(e'+d')\frac{\varepsilon'_{cu} E_s}{f'_{cd}} - p(e'+d)\frac{f_{yd}}{f'_{cd}} \right]a$$

$$- \frac{2\beta}{k_1} p' dd'(e'+d')\frac{\varepsilon'_{cu} E_s}{f'_{cd}} = 0 \tag{5.24}$$

中立軸位置が断面の外にある場合，すなわち偏心荷重が断面のコア内に作用する場合を仮定すれば，断面内に発生するひずみはすべて圧縮となる．コンクリートの圧縮応力が大なるほうの上縁ひずみ ε'_{cu} によって，コンクリートの下縁ひずみ ε'_c，鉄筋ひずみ ε_{sy} および ε'_s を表すと

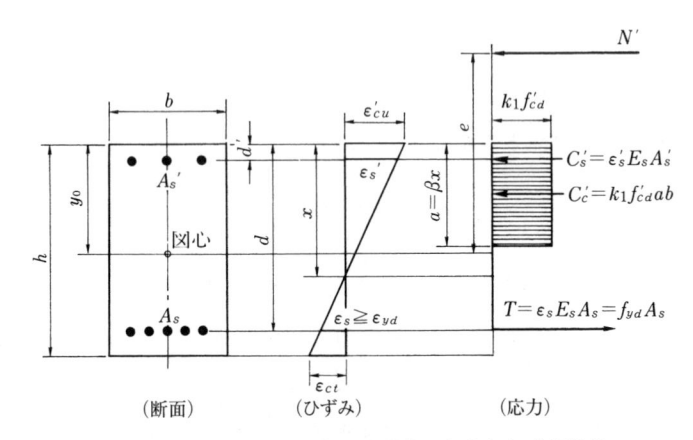

図 5.4　偏心軸方向力を受ける複鉄筋長方形断面の終局状態

$$\varepsilon_s = \frac{d-x}{x}\varepsilon'_{cu}, \qquad \varepsilon'_s = \frac{x-d'}{x}\varepsilon'_{cu}, \qquad \varepsilon'_c = \frac{h-x}{x}\varepsilon'_{cu} \qquad (5.25)$$

これらのひずみに対する鉄筋およびコンクリートの合力を求め，軸方向力および曲げ耐力を算定する．なお，軸方向荷重が断面図心に作用する場合，5.3(3)で説明する柱として計算する．

b. 安全性の照査

安全性の照査は，γ_i を 1.0～1.2 とし，式(5.26)を満足することを確認する．

$$\gamma_i \frac{N'_d}{N'_{ud}} \leq 1.0, \qquad \gamma_i \frac{M_d}{M_{ud}} \leq 1.0 \qquad (5.26)$$

軸方向力の影響が支配的な部材の軸方向鉄筋量は，軸方向力のみを支えるのに必要な最小コンクリート断面積の0.8%以上，コンクリート断面積の6%以下を配置する．軸方向力を支えるのに必要な最小コンクリート面積 A_c は，式(5.27)により算定してよい．

$$A_c = \frac{\gamma_i \gamma_b N'_d}{0.008 f'_{yd} + 0.85 f'_{cd}} \qquad (5.27)$$

（3） 中心軸方向圧縮力を受ける部材（柱）

a. 短柱と長柱

1) 中心軸圧縮力が支配的な部材を柱という．細長い部材に作用する圧縮力を徐々に増加させると，部材が急にはらみ出す座屈現象がある．このため，高い柱の耐力は，低い場合よりもかなり低下する．したがって，柱の耐力計算には材料強度と断面積ばかりでなく，部材の形状，剛性，端部の接合条件などを考慮しなければならない．

2) 設計における柱の長さは，その両端部をヒンジと考えたときの軸線の長さである有効長さを基本とする．すなわち，一端固定，他端自由の柱は，図5.5に示すように，軸線の長さの2倍の高さを有する両端ヒンジの柱の変形を生じるので，

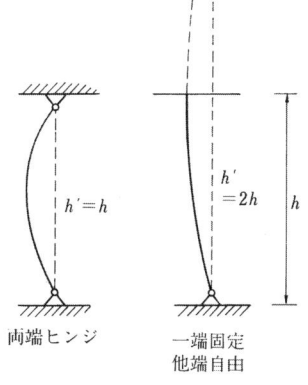

図5.5 柱の有効長さ

有効長さ h' は柱の高さ h の2倍となる．柱の両端部がはりなどによって横方向の変形を拘束されている場合，原則的にはその回転に対する固定度に応じて有効長さを定めなければならないが，計算の簡略化のため，両端ヒンジと考えた軸線の長さを有効長さとしてよい．

3) 柱の有効長さがその横寸法に比較して大きくなると，横方向変位による二次モーメントの影響によって軸方向耐力が低下するので，この影響を計算に考慮する．一般には，柱の有効長さと回転半径の比である細長比によって計算を簡便にしている．

4) 細長比が35以下の場合を短柱といい，この耐力計算では横方向変位の影響を無視してよい．

5) 細長比が35を超える場合を長柱といい，横方向変位で生じる二次モーメントに起因する耐荷力の低下を考慮しなければならない．長柱の設計においては，一般に柱の変形曲線を仮定し，内力による変形曲線と仮定した曲線とが一致するまで繰り返し計算を行う方法がとられている．

b. 帯鉄筋柱とらせん鉄筋柱

1) 鉄筋コンクリート柱の挙動は，コンクリートおよび軸方向鉄筋を横方向に拘束する配筋の条件によって変化し，帯鉄筋柱またはらせん鉄筋柱に区分される．

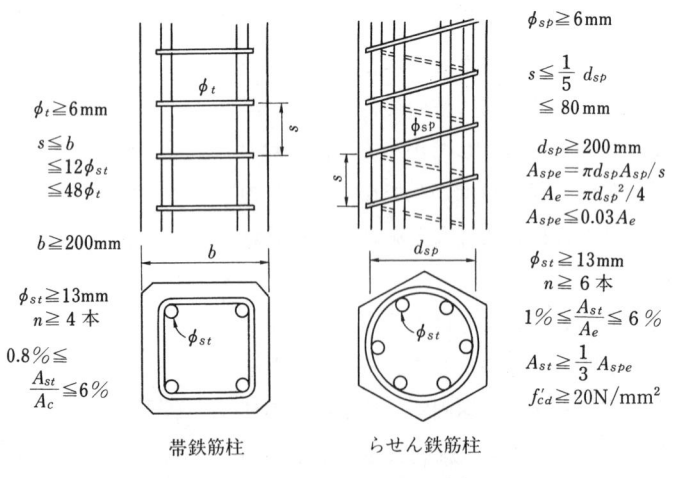

帯鉄筋柱:
$\phi_t \geq 6\,\mathrm{mm}$
$s \leq b$
$\leq 12\phi_{st}$
$\leq 48\phi_t$
$b \geq 200\,\mathrm{mm}$
$\phi_{st} \geq 13\,\mathrm{mm}$
$n \geq 4$ 本
$0.8\% \leq \dfrac{A_{st}}{A_c} \leq 6\%$

らせん鉄筋柱:
$\phi_{sp} \geq 6\,\mathrm{mm}$
$s \leq \dfrac{1}{5} d_{sp}$
$\leq 80\,\mathrm{mm}$
$d_{sp} \geq 200\,\mathrm{mm}$
$A_{spe} = \pi d_{sp} A_{sp}/s$
$A_e = \pi d_{sp}^2/4$
$A_{spe} \leq 0.03 A_e$
$\phi_{st} \geq 13\,\mathrm{mm}$
$n \geq 6$ 本
$1\% \leq \dfrac{A_{st}}{A_e} \leq 6\%$
$A_{st} \geq \dfrac{1}{3} A_{spe}$
$f'_{cd} \geq 20\,\mathrm{N/mm^2}$

図5.6 柱の種類とその構造細目

2) らせん鉄筋柱は，コンクリートおよび軸方向鉄筋を連続したらせん鉄筋によって拘束するため，かぶり部分が剥落した後にも十分な耐荷力を発揮する特徴があり，帯鉄筋柱に比較して大きな耐荷力とじん性を発揮する．柱の構造細目は第9章に説明されているが，図5.6に柱の種類ごとに構造細目の要点を示した．

c. 設計断面耐力とその照査

ⅰ) 帯 鉄 筋 柱

1) 帯鉄筋柱で短柱の中心軸方向圧縮耐力は，コンクリートの設計圧縮強度 f'_{cd} および軸方向鉄筋の設計圧縮降伏強度 f'_{yd} の合力を累加して計算する．

2) コンクリート強度が大きくなるほど，部材の軸方向圧縮耐力から求められるコンクリート強度が円柱供試体強度より低下する現象があるので，式(5.5)で示した係数 k_1 を考慮する．帯鉄筋短柱の軸方向圧縮耐力の上限値 N'_{oud} は，式(5.28)によって計算する．

$$N'_{oud} = \frac{k_1 f'_{cd} A_c + f'_{yd} A_{st}}{\gamma_b} \qquad (5.28)$$

ここに，A_c：コンクリートの断面積，A_{st}：軸方向鉄筋の全断面積．

ⅱ) らせん鉄筋柱

1) らせん鉄筋柱は，軸方向荷重が増大してかぶり部分が剥落した後にも粘り強い耐荷力を発揮するので，この特徴を生かすために，らせん鉄筋によって囲まれたコンクリート断面に対して耐力を計算する．

2) らせん鉄筋柱で短柱の場合の中心軸方向圧縮耐力は，式(5.28)によるコンクリートと軸方向鉄筋の合力のほか，らせん鉄筋によるコンクリートの横方向ひずみの拘束で増加する耐荷力の増大を考慮する．

3) らせん鉄筋による軸方向耐力の増大は，らせん鉄筋量に等価な金属円筒に作用する内圧に置き換えて評価する．半径方向の応力 σ_r によって生じる円筒の引張力 T は

$$T = \frac{1}{2}\int_0^\pi \sigma_r \frac{d_{sp}}{2} d\phi \cdot s \cdot \sin\phi = \frac{1}{2}\sigma_r d_{sp} \cdot s \qquad (5.29)$$

この引張力 T はらせん鉄筋に引張合力 $\sigma_{sp} A_{sp}$ を生じさせるから，半径方向の応力 σ_r を求めると

$$\sigma_r = \frac{2\sigma_{sp} A_{sp}}{d_{sp} \cdot s} \qquad (5.30)$$

一方,軸方向荷重による半径方向応力 σ_r は,ポアソン比 ν の効果によって

$$\sigma_r = \frac{\nu P}{A_s} = \frac{4\nu P}{\pi d_{sp}^2} \qquad (5.31)$$

らせん鉄筋による軸方向耐力の増大は,式(5.30)および式(5.31)から

$$P = \frac{\sigma_{sp}}{2\nu} \cdot \frac{\pi d_{sp} A_{sp}}{s} = \frac{\sigma_{sp}}{2\nu} A_{spe} \qquad (5.32)$$

4) コンクリートのポアソン比 ν を 0.2 とし,らせん鉄筋が降伏強度に達していると仮定すれば,らせん鉄筋による軸方向耐力の増大分は,$2.5 f_{py} d A_{spe}$ となる.したがって,らせん鉄筋柱の軸方向耐力は,コンクリートの有効面積による耐力,軸方向鉄筋による耐力,らせん鉄筋の拘束効果による軸方向耐力の増大量を累加して計算する.

5) らせん鉄筋柱の設計軸方向圧縮耐力 N'_{oud} は,式(5.28)または式(5.33)のいずれか大きい値を採用する.

$$N'_{oud} = \frac{k_1 f'_{cd} A_c + f'_{yd} A_{st} + 2.5 f_{pyd} A_{spe}}{\gamma_b} \qquad (5.33)$$

ここに,A_e:らせん鉄筋の中心線で囲まれたコンクリートの断面積(有効断面積)(mm^2),A_{spe}:らせん鉄筋の換算断面積($= \pi d_{sp} A_{sp}/s$)(mm^2),d_{sp}:らせん鉄筋で囲まれた断面の直径(mm),A_{sp}:らせん鉄筋の断面積(mm^2),s:らせん鉄筋のピッチ(mm),f'_{cd}:コンクリートの設計圧縮強度(N/mm^2),f'_{yd}:軸方向鉄筋の設計圧縮強度(N/mm^2),f_{pyd}:らせん鉄筋の設計圧縮降伏強度(N/mm^2),k_1:強度の低減係数($= 1 - 0.003 f'_{ck} \leq 0.85$,ここで,$f'_{ck}$:コンクリート強度の特性値($N/mm^2$),$\gamma_b$:部材係数で,一般に 1.3 としてよい.

(4) 軸方向耐力と曲げ耐力の関係

1) 所定の断面に軸方向圧縮力が作用すると,断面に対する荷重の作用位置によって曲げモーメントが発生するので,図 5.7 に示すように,断面の破壊は軸方向圧縮耐力と曲げ耐力との相互作用に支配される(**4.3(3)** 参照).

2) 軸方向圧縮力の作用位置が断面図心から離れるほど曲げが卓越し,引張鉄

5.3 曲げモーメントおよび軸方向力に対する安全性の照査

筋およびコンクリートの最外縁ひずみが増大し，断面の軸方向耐力が低下する．軸方向力と曲げモーメントとの関係は，$M = N_u' \cdot e$ で表される．このような荷重が作用する断面の応力状態は，軸方向荷重による一様応力分布と，曲げモーメントによる三角形応力分布を合成したものとなる．

3) 一定断面の任意の位置（偏心距離 e）に軸方向圧縮力が作用する場合，軸方向圧縮力と曲げモーメントの関係は，図 5.7 における原点 O を通る直線上の点 P として表され，荷重の増大とともに原点から遠ざかる．軸方向圧縮力の作用位置が断面図心から順次変化する（偏心距離 e が増加する）と，直線 OP は縦軸（軸方向圧縮耐力軸）から横軸（曲げ耐力軸）方向に向けて回転移動する．縦軸上は中心軸方向荷重の作用状態（$e = 0$）を，横軸上は純曲げ状態（$e = \infty$）を表している．

4) 軸方向圧縮力の偏心距離によって，コンクリートの圧縮縁ひずみと引張鉄筋のひずみが，同時に，それぞれ圧縮限界ひずみおよび降伏ひずみに達する釣合破壊状態（P_b 点）が存在する．

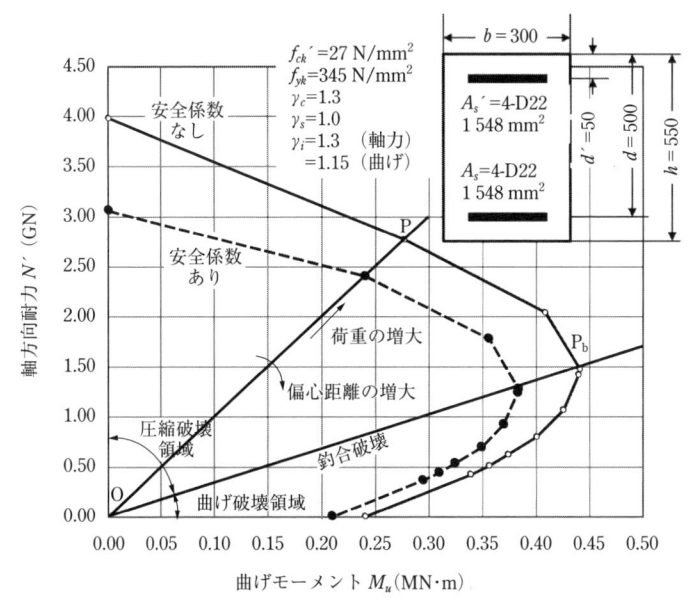

図 5.7 相互作用図

5.4 せん断力に対する安全性の照査

(1) せん断力による破壊とせん断補強

1) 曲げモーメントが変化する部材にはせん断力が必ず作用し，4.4で説明したように，はりの支点近傍の中立軸位置では，せん断応力に伴う最大主応力がコンクリートの引張強度を超えると，斜めひび割れが発生する（図5.8）．

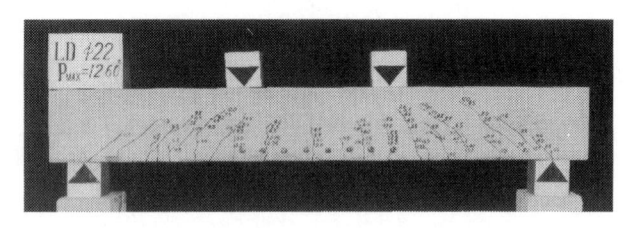

図 5.8 鉄筋コンクリート部材のひび割れ

2) 曲げモーメントによる鉄筋の降伏は延性的に進行するが，図5.9に示すようなせん断力に伴う破壊はぜい性的に発生して危険である．したがって，鉄筋コンクリート部材は，曲げ破壊が生じる前にせん断破壊が先行して発生しないよう，せん断補強鉄筋の配置が必要である．適当なせん断補強鉄筋が配置されていれば，部材のせん断耐力を十分に確保することができ，曲げ破壊を先行させることができる．

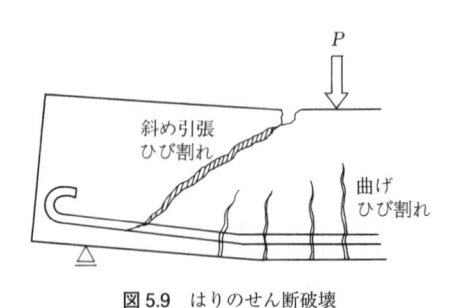

図 5.9 はりのせん断破壊

5.4 せん断力に対する安全性の照査

3) はり以外の部材でせん断破壊が問題になるのは,スラブの押抜きせん断破壊(パンチング),図5.10に示すディープビームやコーベルの斜めひび割れである.

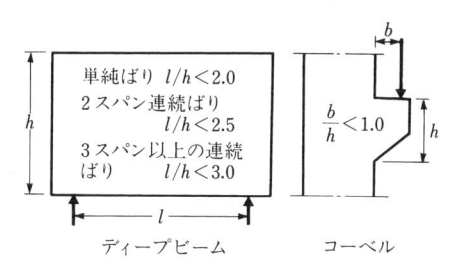

図5.10 ディープビームおよびコーベル

単純ばり $l/h<2.0$
2スパン連続ばり $l/h<2.5$
3スパン以上の連続ばり $l/h<3.0$

$b/h<1.0$

4) 中立軸からの高さ v におけるせん断応力 τ_v は,式(4.47)で誘導したように,上縁から高さ v までの垂直応力の差を補うように発生することから

$$\tau_v = \frac{V}{b_v I_i}\int_v^x b_y y\, dy = \frac{V G_v}{b_v I_i} \qquad (5.34)$$

したがって,中立軸におけるせん断応力(公称せん断応力)は

$$\tau_0 = \frac{V G_0}{b_w I_i} = \frac{V}{b_w z} \qquad (5.35)$$

5) 高さが変化するはりにおいては,曲げ圧縮力および曲げ引張力のせん断応力に平行な成分を減らす必要がある.

$$V_d = \frac{dM}{dl} = \cos\alpha\left(\frac{dT}{dl}z + T\frac{dz}{dl}\right) = \tau b_w z + \frac{M}{d}(\tan\alpha_c + \tan\alpha_t) \quad (5.36)$$

$$\tau = \frac{1}{b_w z}\left[V_d - \frac{M}{d}(\tan\alpha_c + \tan\alpha_t)\right] \qquad (5.37)$$

ここに,α_c:部材圧縮縁が部材軸となす角度,α_t:引張鋼材が部材軸となす角度.
角度は,曲げモーメントの絶対値が増すに従って有効高さが増加する場合を正とする.

6) せん断補強鉄筋を用いた棒部材では,斜めひび割れを発生した後にせん断補強鉄筋によって斜め引張力が負担され,トラス的な耐荷機構によって,腹鉄筋の斜め引張力と腹部コンクリートの斜め圧縮力によってせん断力に抵抗する.

7) したがって，せん断に関する設計は，ⓐ斜め引張力に対する腹鉄筋量の算定，およびⓑ腹部コンクリートの斜め圧縮破壊に対する安全性の検討を行う．

8) 腹鉄筋にはスターラップと折曲鉄筋がある．

（2） 棒部材の設計せん断耐力

はりのような棒部材の設計せん断耐力は，コンクリートにより受け持たれる設計せん断耐力およびせん断補強鉄筋により負担される設計せん断耐力の合力として計算する．

$$V_{yd} = V_{cd} + V_{sd} \tag{5.38}$$

ここに，V_{yd}：設計せん断耐力（N），V_{cd}：コンクリートにより受け持たれる設計せん断耐力（N），V_{sd}：せん断補強鉄筋により受け持たれる設計せん断耐力（N）．

a. コンクリートにより受け持たれる設計せん断耐力

コンクリートのせん断強度は，コンクリートの設計基準強度，部材高さ，鉄筋比および軸方向力の影響を受ける．

せん断補強鉄筋を用いない棒部材の設計せん断耐力 V_{cd} は，式(5.39)によって計算する．

$$V_{cd} = \frac{\beta_d \cdot \beta_p \cdot \beta_n \cdot f_{vcd} \cdot b_w \cdot d}{\gamma_b} \tag{5.39}$$

ただし，$f_{vcd} = 0.20\sqrt[3]{f'_{cd}}$　　$f_{vcd} \leq 0.72$（N/mm^2）

　　　　$\beta_d = \sqrt[4]{1\,000/d}$（$d$：mm）　　　$\beta_d > 1.5$ となる場合は 1.5 とする．

　　　　$\beta_p = \sqrt[3]{100\,p_w}$　　　$\beta_p > 1.5$ となる場合は 1.5 とする．

　　　　$\beta_n = 1 + 2M_0/M_{ud}$（$N'_d \geq 0$ の場合）　　　$\beta_n > 2$ となる場合は 2 とする．

　　　　　　$= 1 + 4M_0/M_{ud}$（$N'_d < 0$ の場合）　　　$\beta_n < 0$ となる場合は 0 とする．

ここに，N'_d：設計軸方向圧縮力（N），M_{ud}：軸方向力を考慮しない純曲げ耐力（N·mm），M_0：設計曲げモーメント M_d に対する引張縁において，軸方向力によって発生する応力を打ち消すのに必要な曲げモーメント（N·mm），b_w：腹部の幅（mm），d：有効高さ（mm），p_w：引張鉄筋比（$= A_s/(b_w \cdot d)$，A_s：引張側鉄筋の断面積（mm^2），γ_b：一般に 1.3 としてよい．

b. せん断補強鉄筋によって受け持たれる設計せん断耐力

1) せん断補強が適切になされておれば斜めひび割れは拡大しないので，ひび割れ面の骨材のかみ合い，引張鉄筋のほぞ作用等によって，せん断力の一部を負担することができる．この分担せん断力の大きさは，一般にせん断補強のない棒部材の斜めひび割れ発生時のせん断力とされる．その残りのせん断力を，せん断補強鉄筋に負担させる．

2) せん断補強鉄筋の配置間隔を s_s とし，軸線と 45°傾いて作用する斜め引張力 T_d と一組のせん断補強鉄筋の抵抗力 F との関係は，図5.11を参照して

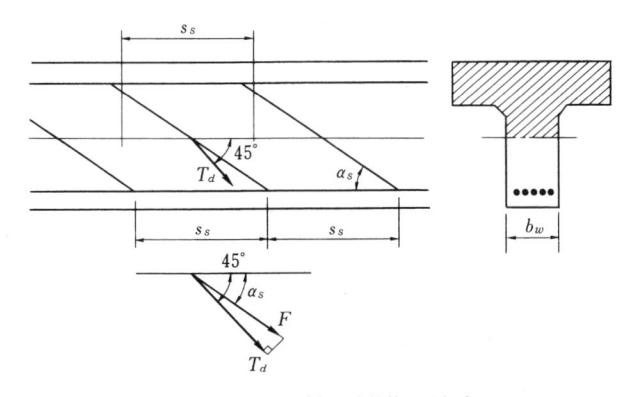

図5.11 斜め引張力と腹鉄筋の分担力

$$F = \frac{T_d}{\cos(45 - a_s)} \tag{5.40}$$

この区間における斜め引張力 T_d ($= \tau s_s b_w \sin 45°$) およびせん断応力 τ ($= V/b_w z$) から

$$F = \frac{V \cdot s_s \cdot \sin 45°}{z \cdot \cos(45° - a_s)} = \frac{V \cdot s_s}{z(\cos a_s + \sin a_s)} \tag{5.41}$$

3) 一方，せん断補強鉄筋の引張耐力 F は $A_w \cdot f_{wyd}$ であるから，これによって分担されるせん断力 V_s は

$$V_s = A_w f_{wyd}(\cos a_s + \sin a_s)\frac{z}{s_s} \tag{5.42}$$

せん断補強鉄筋によって受け持たれる設計せん断力 V_{sd} は

$$V_{sd} = \frac{V_s}{\gamma_b} \tag{5.43}$$

ここに，A_w：区間 s_s におけるせん断補強鉄筋の総断面積（mm²），f_{wyd}：せん断補強鉄筋の設計降伏強度で，400 N/mm² 以下とする．ただし，コンクリートの圧縮強度の特性値 f'_{ck} が 60 N/mm² 以上のときは，800 N/mm² 以下としてよい．

a_s：せん断補強鉄筋と部材軸とのなす角度，s_s：せん断補強鉄筋の配置間隔（mm），z：圧縮応力の合力の作用位置から引張鉄筋図心までの距離（一般に $d/1.15$ としてよい）（mm），γ_b：部材係数（一般に 1.1）．

4) せん断補強鉄筋には，スターラップのみまたはスターラップと折曲鉄筋が用いられるので，それぞれについて式(5.43)によって分担するせん断耐力を計算すればよい．折曲鉄筋とスターラップの応力は近似的に等しい．スターラップと折曲鉄筋を併用する場合には，せん断補強鉄筋が分担するせん断力のうち 50% 以上をスターラップによって受け持たせるようにしなければならない．

c. 腹部コンクリートの設計斜め圧縮破壊耐力

1) 鉄筋コンクリートはりなどでは，腹部幅が一般に大きいので問題となることは少ないが，はりの腹部幅が薄い場合，あるいはせん断補強鉄筋が多量に配置されている場合などには，せん断補強鉄筋が降伏せずに，斜め圧縮力によってコンクリートが圧壊することもある．

2) この種の破壊を生じることのないよう，斜め圧縮破壊に対する安全性を検討しなければならない．腹部コンクリートのせん断に対する設計斜め圧縮破壊耐力 V_{wcd} は，式(5.44)により求まる．

$$V_{wcd} = f_{wcd} \cdot b_w \cdot \frac{d}{\gamma_b} \tag{5.44}$$

ここに，$f_{wcd} = 1.25\sqrt{f'_{cd}}$ (N/mm²)　ただし，$f_{wcd} \leqq 7.8$ (N/mm²)，γ_b：一般に 1.3 としてよい．

d. 部材の腹部幅

1) 種々の断面形状に対して，せん断に関する検討を行う際の腹部幅および有効高さのとり方を図 5.12 に示す．腹部の幅が部材高さ方向に変化している場合，その有効高さ d の範囲で最小幅を b_w とする．複数の腹部を有する断面では，合計幅を b_w とする．

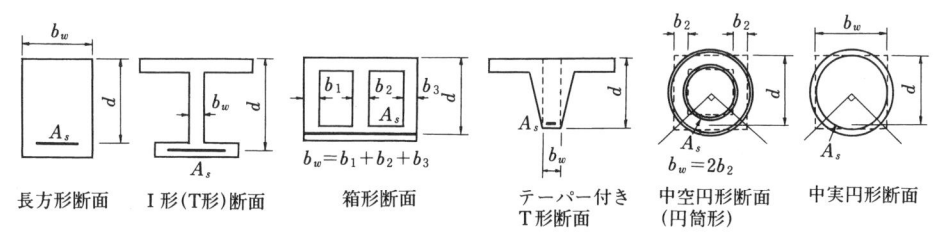

図5.12 種々の断面形状に対する b_w, d のとり方

2) 中実あるいは中空円形断面の場合は，面積の等しい正方形あるいは中空箱形に置き換え，その1辺あるいは腹部の合計幅を b_w とする．この場合，軸方向引張鉄筋断面積 A_s は，引張側 1/4（90°）部分の鉄筋断面積とし，有効高さ d で置き換えた正方形の圧縮縁から A_s として考慮した鉄筋の図心までの距離とする．

e. 安全性の照査

せん断補強鉄筋の荷重分担作用は，トラスアナロジーで理解できる．斜め引張力に対しては折曲鉄筋が，斜め圧縮力に対してはひび割れ間のコンクリートが抵抗する．したがって，せん断力に対する安全性の照査は，式(5.38)および式(5.45)のおのおのについて行わなければならない．

$$\gamma_i \frac{V_d}{V_{yd}} \leq 1.0 \quad \text{および} \quad \gamma_i \frac{V_d}{V_{wcd}} \leq 1.0 \tag{5.45}$$

（3）面部材の設計押抜きせん断耐力

スラブのような面部材に集中荷重が作用する場合，図5.13に示すような押抜きせん断破壊を生じる．この破壊性状の解析は複雑であるが，荷重が載荷面に垂直に作用し，部材の自由縁や開口部から十分離れている場合には，棒部材のせん断耐力算定式と類似の式(5.46)によって，面部材の設計押抜きせん断耐力を計算

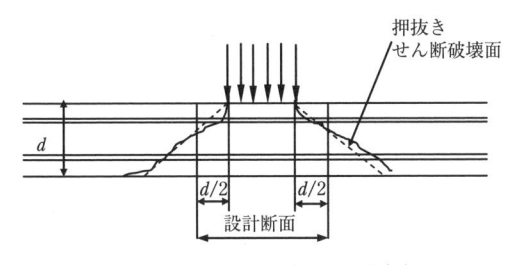

図5.13 面部材の押抜きせん断破壊

する.

$$V_{pcd} = \frac{\beta_d \cdot \beta_p \cdot \beta_r \cdot f'_{pcd} \cdot u_p \cdot d}{\gamma_b} \tag{5.46}$$

ただし, $f'_{pcd} = 0.20\sqrt{f'_{cd}}$ $f'_{pcd} \leq 1.2 \text{ N/mm}^2$

$\beta_d = \sqrt[4]{1\,000/d}$ (d：mm) $\beta_d > 1.5$ となる場合は 1.5 とする.

$\beta_p = \sqrt[3]{100\,p_w}$ $\beta_p > 1.5$ となる場合は 1.5 とする.

$\beta_r = 1 + \dfrac{1}{1 + (0.25\,u/d)}$

f'_{cd}：コンクリートの設計圧縮強度で, 単位は N/mm^2 である.

ここに, u：載荷面の周長 (mm), u_p：照査断面の周長で, 載荷面から $d/2$ 離れた位置で算定するものとする (mm). d および p：有効高さ (mm) および鉄筋比で, 2 方向の鉄筋に対する平均値とする. γ_b：一般に 1.3 としてよい.

5.5 剛体の安定に対する安全性の照査

構造物の剛体としての安定に対する限界状態の検討は, 鉄筋コンクリート擁壁などの接地構造物の転倒, 水平支持および鉛直支持に対する安全性について必要となる.

一般に, 設計作用力 S_{sd} の設計抵抗力 R_{sd} に対する比に, 構造物係数 γ_i を乗じた値が 1.0 以下であることを確かめる.

$$\gamma_i \cdot \frac{S_{sd}}{R_{sd}} \leq 1.0 \tag{5.47}$$

転倒, 水平支持および鉛直支持などの設計抵抗力 R_{sd} は, 構造物の抵抗力 R_d を適切に定めた安全係数 γ_0 で除して求める.

第6章 使用性に関する照査

6.1 使用性の照査と設計応答値

（1） 一　般

1） 構造物の使用性は，想定される作用のもとで，設計耐用期間にわたって構造物を快適に使用することができる性能である．

2） コンクリート構造物の性能は，設計耐用期間にわたって良好に保持されていなければならないので，コンクリートおよび鉄筋は耐久的でなければならない．耐久性のうちアルカリ骨材反応による劣化およびコンクリート材料に起因する内在塩化物による鉄筋腐食については，構造物の施工計画の段階で検討がすまされていなければならない．

3） 鉄筋コンクリートは，コンクリートおよび鉄筋が設計耐用期間にわたって，環境作用等により経時的に劣化・損傷を生じることなく健全な状態を保持し，耐久的であることを照査する必要がある．

4） 構造物の性能照査は，施工段階の初期ひび割れに対する照査および耐久性に関する照査が満足されていることを前提としており，土木学会示方書においては，それぞれ独立して照査を行うことにしている．これらの性能が満足されておれば，環境による経時変化の影響を無視してよいことにしている．

5） 使用性に関する照査は，一般に以下の限界状態について限界値を設定して検討する．

① 外観――コンクリートのひび割れや表面の汚れなどが，不安感や不快感を与えない（照査指標：ひび割れ幅，応力度）．

② 騒音，振動——構造物から生じる騒音や振動が，周辺環境に悪影響を及ぼさない（照査指標：騒音，振動レベル）．
③ 走行性・歩行性——車両や歩行者が快適に走行および歩行できる（照査指標：変位，変形）．
④ 水密性——水密機能を要するコンクリート構造物が，透水，透湿により機能を損なわない（照査指標：構造体の透水量，ひび割れ幅）．
⑤ 損傷——構造物が変動荷重，環境作用等の原因による損傷を生じることなく，そのまま使用できる状態を維持する（照査指標：力，変形等）．

6） 使用性をはじめ安全性の照査を行う場合，永久荷重によるコンクリートの曲げ圧縮応力度および軸方向圧縮応力度は $0.4f'_{ck}$ 以下，鉄筋の引張応力は降伏強度の特性値 f_{yk} 以下でなければならない．

7） 鉄筋コンクリートの耐久性の照査は，鉄筋の腐食に対する照査およびコンクリートの劣化に対する照査が必要となるので，本節では，特に鉄筋腐食に対する照査を説明する．

（2） 設計応答値

1） 使用性に関する照査を行うためには，しばしば生じる大きさの荷重（設計荷重）作用に対する設計応答値を計算する必要がある．設計応答値を求めるための構造解析は，一般に部材を線形として計算してよい．その場合，構造解析係数 γ_b は 1.0 とする．断面力の算定に用いる剛性は，原則としてひび割れによる剛性の低下を考慮する．

2） 使用状態の性能照査として力学的に算定される代表的な応答値は，曲げひび割れ幅および変位・変形量なので，本章では主としてこれらについて説明する．

3） 通常の使用状態における鉄筋コンクリートのコンクリートおよび鉄筋の応力度は，次の仮定に基づいて算定する．
① 維ひずみは，部材断面の中立軸からの距離に比例する．
② コンクリートおよび鉄筋は，弾性体とする．
③ コンクリートの引張応力は，一般に無視する．
④ コンクリートおよび鉄筋のヤング係数は，それぞれ表 2.1 および 200 kN/mm^2 とする．

（3） 照査の方法

使用性に関する照査は，設計荷重の作用に対する設計応答値を定め，設計応答値に構造物係数を乗じた値の設計限界値に対する比が1.0以下であることを確かめる．

6.2 耐久性とかぶり

（1） 環境作用

1) 鉄筋コンクリートの環境による経時変化の影響は，鉄筋の腐食およびコンクリートの劣化について考慮する．

2) 鉄筋腐食は，過大な曲げひび割れ幅に起因するほか，経時的な塩化物イオンの拡散，コンクリートの中性化に支配される．

3) 構造物コンクリート中への塩化物イオンは，海砂やセメント中に含まれる内在塩化物のほか，沿岸構造物では飛来塩分，寒冷地では融氷剤や融雪剤等の外来塩分も供給される．したがって，塩化物イオン（Cl^-）の侵入に伴う鉄筋腐食に対する照査を行う．

4) 土木学会示方書では，鋼材の腐食を考慮する場合の環境条件を，表6.1に示す「一般の環境」，「腐食性環境」および「特に厳しい腐食性環境」の3種に区分している．

表6.1 鋼材の腐食に対する環境条件の区分 （土木学会示方書）

一般の環境	塩化物イオンが飛来しない通常の屋外の場合，土中の場合
腐食性環境	1. 一般の環境に比較し，乾湿の繰返しが多い場合および特に有害な物質を含む地下水位以下の土中の場合等鋼材の腐食に有害な影響を与える場合等 2. 海洋コンクリート構造物で海水中や特に厳しくない海洋環境にある場合等
特に厳しい腐食性環境	1. 鋼材の腐食に著しく有害な影響を与える場合等 2. 海洋コンクリート構造物で干満帯や飛沫帯にある場合および厳しい潮風を受ける場合等

5) コンクリートは一般にpH12程度の高アルカリ性を呈し，このようなアルカリ性環境にある鉄筋は，その表面に酸化第二鉄の安定した不動態皮膜を形成して腐食を生じにくい．

6) コンクリートは多孔性であるので，空気中の炭酸ガスが空隙を通って拡散

すると，コンクリート中の細孔に存在する水に炭酸ガスが溶解し，セメントの水和生成物である水酸化カルシウムと反応して炭酸カルシウムを生成する．この炭酸化反応によって，コンクリートがアルカリ性から中性化し，鉄筋は腐食しやすくなる．したがって，かぶりを十分に確保し，中性化に伴う鉄筋腐食に対する照査を行う．

7) コンクリート構造物が凍結と融解の繰返し作用を受ける環境下に構築される場合，または化学的侵食を受ける場合には，これらに対する照査を行う必要がある．しかし，これらの照査は材料学的であることから，本章では省略する．

（2） かぶりの最小値

1) コンクリートの表面から鉄筋の表面までの最短距離をかぶりという．かぶりは，鉄筋とコンクリートとの付着強度を確保するとともに，要求される耐火性，耐久性，構造物の重要性，施工誤差を考慮して定める．

2) かぶりの大きさは，コンクリートの中性化が設計耐用期間中に鉄筋面まで達しないよう，また，飛来塩分等によるコンクリート中の塩化物イオン量が鉄筋位置で所定量を超えないように定める．

3) 鉄筋のかぶりは，図 6.1 に示すように，耐火性を要求しない場合，鉄筋の直径または耐久性を満足するかぶりのいずれか大きい値に施工誤差を考慮した値

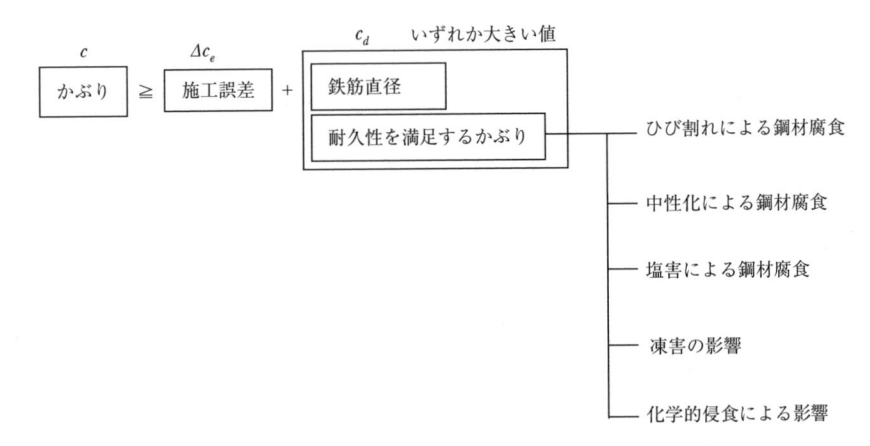

$$c \; (\text{かぶり}) \geq \Delta c_e \; (\text{施工誤差}) + c_d \; \text{いずれか大きい値} \begin{cases} \text{鉄筋直径} \\ \text{耐久性を満足するかぶり} \end{cases}$$

- ひび割れによる鋼材腐食
- 中性化による鋼材腐食
- 塩害による鋼材腐食
- 凍害の影響
- 化学的侵食による影響

図6.1 かぶりの算定（耐火性を要求しない場合）（土木学会示方書）

を最小値とする．

4) 耐久性に関する照査に用いるかぶりの設計値 c_d は，施工誤差をあらかじめ考慮して求める．

$$c_d = c - \Delta c_e \tag{6.1}$$

ここに，c_d：かぶりの設計値（mm），c：かぶり（mm），Δc_e：施工誤差（mm）．

5) 表6.2に，塩害が著しくない一般的な環境下におけるコンクリート構造物の標準的な耐久性を満足する最小かぶりを示す．コンクリートの耐久性は水セメント比に支配されることを考慮し，圧縮強度の低いものほどかぶりの最小値を大きくする．

表6.2 標準的な耐久性[*1]を満足する構造物の最小かぶりと最大水セメント比 （土木学会示方書）

部材	W/C[*2]の最大値	かぶり c の最小値（mm）	施工誤差 Δc_e（mm）
柱	50	45	±15
はり	50	40	±10
スラブ	50	35	±5
橋脚	55	55	±15

（注） *1 設計耐用年数100年を想定．
*2 普通ポルトランドセメントを使用．

6.3 曲げひび割れ幅とその限界値

(1) 曲げひび割れと付着応力

1) 鉄筋コンクリート部材の荷重作用によるひび割れの主なものは，曲げモーメントによるものである．はりの曲げひび割れは，図6.2に示すように，引張領域から切り出した両引き供試体によって，モデル化することができる．

2) 両引き供試体の鉄筋に引張力を作用させると，付着応力によって鉄筋からコンクリートに引張力が伝達され，ひび割れ間の中央で最大の引張応力を生じ，コンクリートの引張強度を超えるとひび割れを生じる．

3) 鉄筋とコンクリートとの付着強度が大きいほど，鉄筋からコンクリートへの応力伝達が良好となるので，ひび割れ間隔は異形鉄筋のほうが丸鋼の場合よりも小さくなる．ひび割れ間隔が大きい場合には，ひび割れ間の中央部に順次新た

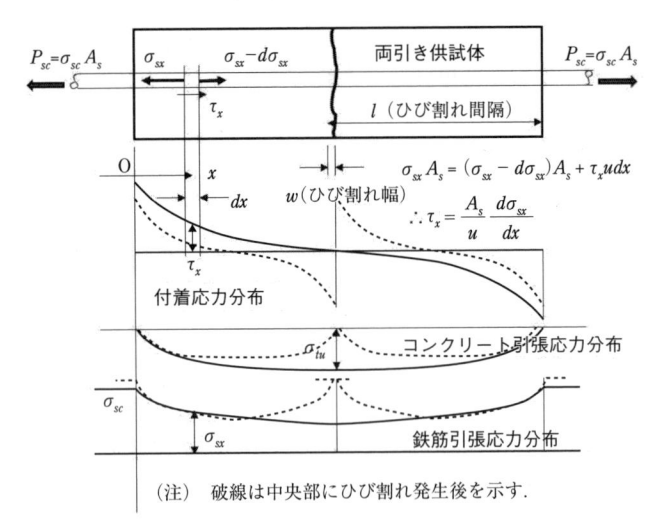

図中:
$P_{sc}=\sigma_{sc}A_s$　σ_{sx}　$\sigma_{sx}-d\sigma_{sx}$　両引き供試体　$P_{sc}=\sigma_{sc}A_s$
τ_x　l (ひび割れ間隔)
w(ひび割れ幅)
$\sigma_{sx}A_s = (\sigma_{sx} - d\sigma_{sx})A_s + \tau_x u dx$
$\therefore \tau_x = \dfrac{A_s}{u}\dfrac{d\sigma_{sx}}{dx}$
付着応力分布
σ_{tu}　コンクリート引張応力分布
σ_{sc}　σ_{sx}　鉄筋引張応力分布
(注) 破線は中央部にひび割れ発生後を示す.

図6.2 はりの曲げひび割れ分散の模式図

なひび割れが発生する．

4) ひび割れ幅は，ひび割れ間隔が短いほど小さくなる．このため，付着が良好である異形鉄筋では，丸鋼の場合より鉄筋の露出幅が小さくなるため鉄筋が錆びにくく，鉄筋コンクリートの耐久性が高くなる．

5) ひび割れ幅は，隣り合うひび割れ間隔の中央を固定点とし，鉄筋とコンクリートそれぞれのひずみの累積の差（抜出し量）と考えればよい．

（2） 曲げひび割れ幅

曲げひび割れ幅は，図6.2で説明するように，鉄筋とコンクリートのひずみ差，すなわちひび割れの両側のひび割れ間隔の中央からの鉄筋の抜出し量とコンクリートの収縮の影響を考慮したもので，式(6.2)によって算定する．

$$w = 1.1\, k_1 k_2 k_3 \left[4c + 0.7(c_s - \phi)\right]\left[\dfrac{\sigma_{se}}{E_s} + \varepsilon'_{csd}\right] \quad (6.2)$$

ここに，k_1：鉄筋の表面形状がひび割れ幅に及ぼす影響を表す係数で，一般に，異形鉄筋の場合1.0，普通丸鋼の場合1.3としてよい．k_2：コンクリートの品質がひび割れ幅に及ぼす影響を表す係数で，$k_2 = \{15/(f'_c + 20)\} + 0.7$とする．

f'_c：コンクリートの圧縮強度（N/mm²）で，設計圧縮強度 f'_{cd} を用いてよい．
k_3：引張鉄筋の段数の影響を表す係数で，$k_3 = \{5(n+2)\}/(7n+8)$ による．n：引張鋼材の段数，c：かぶり（mm），c_s：鉄筋の中心間隔（mm），ϕ：鉄筋径（mm），ε'_{csd}：コンクリートの収縮およびクリープ等によるひび割れ幅の増加を考慮するための数値で，外観に対する照査の場合 $450 \sim 300 \times 10^{-6}$，鉄筋腐食による耐久性の照査の場合 150×10^{-6}，高強度コンクリートの場合 100×10^{-6} 程度としてよい．σ_{se}：鉄筋位置のコンクリートの応力度が 0 の状態からの鉄筋応力度の増加量（N/mm²）．

曲げひび割れの検討で対象とする鉄筋は，原則としてコンクリート表面に最も近い位置にある引張鉄筋とする．

(3) 鉄筋腐食に関するひび割れ幅の限界値

1) 鉄筋コンクリートの曲げひび割れ幅の照査は，使用状態において生じる曲げひび割れ幅の式(6.2)による計算値が，鉄筋の腐食に対するひび割れ幅の限界値 w_a（表 6.3）以下であることを確認する．

表 6.3 鉄筋の腐食に対するひび割れ幅の限界値 w_a（mm）（土木学会示方書）

鋼材の種類	鋼材の腐食に対する環境条件		
	一般の環境	腐食性環境	特に著しい腐食環境
異形鉄筋・普通丸鋼	0.005 c	0.004 c	0.0035 c

（注）　かぶり $c \leq 100$ mm

2) 鉄筋腐食に対する照査を行う場合，式(6.2)の ε'_{csd} の値を 150×10^{-6} 程度（高強度コンクリートの場合，100×10^{-6}）として算定する．

3) 荷重の作用によって曲げひび割れを生じる場合，鉄筋の露出幅が同じであっても，かぶりが大きいほどコンクリート表面で測定されるひび割れ幅は大きな値となることから，ひび割れ幅の限界値はかぶり c の関数とされる．また，環境条件が厳しいほど，ひび割れ幅の限界値を小さくする．

4) コンクリートに生じる引張応力度が，コンクリートの曲げひび割れ強度 f_{bck} より小さい場合には，ひび割れ幅の検討を省略してよい．

6.4 鉄筋腐食に対する照査

(1) 塩害に対する照査

1) 塩化物イオンの侵入に関する構造物の性能照査は，鉄筋位置における塩化物イオン濃度が鉄筋を腐食させる濃度以下であることを照査する．すなわち，鉄筋位置における塩化物イオン濃度の設計値 C_d の鋼材腐食発生限界濃度 C_{lim} に対する比に構造物係数 γ_i を乗じた値が，1.0 以下であることを照査する．

$$\gamma_i \frac{C_d}{C_{lim}} \leq 1.0 \tag{6.3}$$

2) 鉄筋位置における塩化物イオンの鉄筋腐食発生の限界濃度は，実環境での暴露(ばくろ)試験では 1.2〜2.4 kg/m³ 程度とされており，コンクリートの水セメント比や環境条件などによって変化するが，設計に用いる鋼材腐食発生限界濃度 C_{lim} は，一般に 1.2 kg/m³ としてよい．凍結融解作用を受ける場合には，より小さな値とする．構造物係数 γ_i は，一般に 1.0，重要構造物に対しては 1.1 としてよい．

3) 鉄筋位置における塩化物イオン濃度の設計値 C_d は，式(6.4)により求める．

$$C_d = \gamma_{cl} \cdot C_0 \left[1 - erf\left(\frac{0.1 \cdot c_d}{2\sqrt{D_d \cdot t}} \right) \right] \tag{6.4}$$

ここに，C_0：コンクリート表面における想定塩化物イオン濃度（kg/m³）で，表6.4 に示す値を用いてよい．γ_{cl}：鉄筋位置における塩化物イオン濃度の設計値 C_d のばらつきを考慮した安全係数で，一般に 1.3，高流動コンクリートを用いる場合には 1.1 としてよい．t：塩化物イオンの侵入に対する耐用年数（年）で，100 年を上限とする．c_d：かぶりの設計値（mm）．

表6.4 コンクリート表面における塩化物イオン濃度 C_0 (kg/m³)（土木学会示方書）

地域区分		飛沫帯	海岸からの距離 (km)				
			汀線付近	0.1	0.25	0.5	1.0
飛来塩分が多い地域	北海道，東北，北陸，沖縄	13.0	9.0	4.5	3.0	2.0	1.5
飛来塩分が少ない地域	関東，東海，近畿，中国，四国，九州		4.5	2.5	2.0	1.5	1.0

(注) 海岸付近の高さ方向については，高さ 1 m が汀線からの距離 25 m に相当すると考えて C_0 を求めてよい．

なお，$erf(s)$ は誤差関数であり，$erf(s)\dfrac{2}{\sqrt{\pi}}\int_0^s e^{-\eta^2}d\eta$ で表される．

4) 塩化物イオンに対する拡散係数 D_d（cm^2/年）は，式(6.5)により求める．

$$D_d = \gamma_c D_k + \left(\frac{w}{l}\right)\left(\frac{w}{w_a}\right)^2 D_0 \tag{6.5}$$

ここに，γ_c：コンクリートの材料係数で，1.0 としてよいが，上面の部位では 1.3 とするのがよい．D_k：コンクリートの塩化物イオンに対する拡散係数の特性値（cm^2/年），D_0：コンクリート中の塩化物イオンの移動に及ぼすひび割れの影響を表す定数で，一般に 200 cm^2/年としてよい．w はひび割れ幅，w_a はひび割れ幅の限界値で，表 6.3 に示す値を用いてよい．

5) (w/l) はひび割れ幅とひび割れ間隔の比で，一般に次式で求めてよい．

$$\frac{w}{l} = 3\left(\frac{\sigma_{se}}{E_s} + \varepsilon'_{csd}\right) \tag{6.6}$$

（2） 中性化に対する照査

1) 中性化に関する照査は，コンクリートの表面からの中性化の深さが鉄筋を腐食させる深さ以下であることを照査する．すなわち，中性化深さの設計値 y_d の鋼材腐食発生限界深さ $y_{\lim}$ に対する比に構造物係数 γ_i を乗じた値が，1.0 以下であることを確かめて照査する．

$$\gamma_i = \frac{y_d}{y_{\lim}} \leq 1.0 \tag{6.7}$$

2) 鉄筋の腐食開始時期は，構造物のかぶりと中性化深さの差である中性化残りに支配されると考えてよい．中性化残りが 10 mm 以上では，著しい鉄筋腐食を生じることはないといわれている．このようなことから，中性化の鉄筋腐食発生限界深さ（$y_{\lim} = c_d - c_k$）は，かぶりの設計値 c_d に中性化残り c_k（一般に 10 mm，塩害環境下では 10～25 mm とするのがよい）を考慮した余裕を見込むことにしている．ここに，γ_i：構造物係数，一般に 1.0，重要構造物に対しては 1.1 とする．

3) 中性化深さの設計値 y_d は，中性化の進行が使用セメントの種類や配合，環境条件の影響に支配され，また $\sqrt{t}$ 則に従うものとして，式(6.8)により求め

てよい.

$$y_d = \gamma_{cb}\, a_d \sqrt{t} \tag{6.8}$$

ここに，t：中性化に対する耐用年数で，100年を上限とする．γ_{cb}：中性化深さの設計値 y_d のばらつきを考慮した安全係数で，一般に 1.15，高流動コンクリートの場合 1.1 としてよい．

4) 中性化速度係数の設計値 a_d（mm/$\sqrt{年}$）は，式(6.9)によって求めてよい．

$$a_d = a_k \beta_e \gamma_c \tag{6.9}$$

ここに，a_k：中性化速度の特性値（mm/$\sqrt{年}$），β_e：環境作用の程度を表す係数で，表 6.5 の値を用いてよい．γ_c：コンクリートの材料係数で，一般に 1.0，上面の部位に関しては 1.3 とするのがよい．

表 6.5 コンクリートの中性化の進行予測に及ぼす環境作用の程度（土木学会示方書）

環境条件	環境作用の程度を表す係数 β_e
乾燥しやすい環境	1.6
乾燥しにくい環境	1.0

6.5 外観に対する照査

1) 鉄筋コンクリートの外観に対する使用性の照査は，曲げひび割れ幅を照査指標としてよい．通常の使用状態においてひび割れの発生を許容する鉄筋コンクリート構造物のコンクリート表面の曲げひび割れ幅の制限値は，一般に 0.3 mm 程度である．

2) コンクリート表面の曲げひび割れの最大値を式(6.2)により求め，設計限界値と比較する．この場合，コンクリートのひび割れ発生材齢が早いほど，乾燥収縮によってひび割れ幅が大きくなる．土木学会示方書では，ひび割れ発生材齢が 30～200 日の場合，式(6.2)の ε'_{csd} の値を 450～300×10^{-6} 程度としている．

6.6 水密性に対する照査

1) 水密性に対する照査は，透水によって構造物の機能が損なわれないことを

照査するのが基本であり，単位時間当たりの透水量の設計値 Q_d と許容透水量 Q_{max} の比に構造物係数 γ_i を乗じた値が1.0以下であることを確かめる．

$$\gamma_i = \frac{Q_d}{Q_{max}} \leq 1.0 \tag{6.10}$$

2) 構造物にひび割れを許容する場合，水密性に対するひび割れ幅の限界値は，構造物の使用条件および作用荷重の特性等を考慮して定めるのがよい．

3) 水密性に対するひび割れ幅の限界値の目安は，作用水圧や部材厚等に影響され，作用断面力と要求される水密性の程度に応じて，表6.6に示す目安が土木学会示方書に示されている．

表6.6 水密性に対するひび割れ幅の限界値の目安（mm）（土木学会示方書）

要求される水密性の程度		高い水密性を確保する場合	一般の水密性を確保する場合
卓越する断面力	軸引張力	－*1	0.1
	曲げモーメント*2	0.1	0.2

（注） *1 断面力によるコンクリート応力は前段目において圧縮状態と最小圧縮応力度を 0.5 N/mm^2 とする．なお，詳細解析により検討を行う場合は，別途定めるものとする．
*2 交番荷重を受ける場合には，軸引張力が卓越する場合に準じることとする．

4) なお，曲げモーメントが卓越して作用する場合，圧縮域にはひび割れが貫通しないので，水密性を確保しやすい．

6.7 変位・変形量に対する照査

（1） 使用性としての変位・変形

1) 構造物の変位・変形は，一般に，車両走行の快適性を確保するために，また過大な変位等が構造物を使用するうえで不快感を与えることがないように，変位・変形量を照査する．

2) 使用上の快適性を変位・変形の検討によって行う場合，短期の変位・変形と長期の変位・変形に区分して検討する．

3) 短期の変位は変動荷重等の載荷時に即時に発生する弾性的変位であり，長期の変位は永久荷重等の持続的載荷に伴うクリープの影響を考慮した変位である．

4) 構造物の使用目的によって，短期および長期の変位に対して変位・変形量の限界値を定め，それぞれの変位・変形量が限界値を超えないことを確かめる．

5) 変位・変形量は，断面剛性 EI およびコンクリートのクリープ性状に影響を受ける．

（2） 部材の変位・変形の応答値

a. 弾性荷重と変位

1) はりでは，活荷重による曲げモーメントと死荷重による曲げモーメントによってたわみを生じる．荷重の作用時に瞬時に生じる変位は，弾性計算によって求めることができる．死荷重による変形は，クリープによって進行する．

2) 曲げによる弾性たわみ量（短期変形）は，式(6.11)の関係から，弾性荷重 M_x/E_cI_e のモーメントを求める（二回積分する）ことによって計算できる．

$$\frac{d^2y}{dx^2}=\frac{M_x}{E_cI_e} \tag{6.11}$$

ここに，y：曲げによるたわみ，x：部材方向の位置，M_x：位置 x における曲げモーメント，E_c：コンクリートの有効弾性係数（ヤング係数），I_e：有効換算断面二次モーメント．

3) 鉄筋コンクリート部材の変形の計算には，断面のひび割れの有無による剛性の変化およびクリープの影響を考慮した有効曲げ剛性 E_cI_e を定め，これに収縮の影響を考慮する．コンクリートのクリープの影響は，有効弾性係数 E_e として式(6.12)によって評価する．

$$E_e=\frac{E_{ct}}{1+\phi}=\frac{E_{ct}}{1+(E_{ct}/E_c)\phi_{28}} \tag{6.12}$$

ここに，E_e：有効弾性係数，E_{ct}：死荷重作用時のヤング係数，E_c：材齢28日のヤング係数，ϕ：載荷時材齢のヤング係数を用いて求めた死荷重作用時からのクリープ係数，ϕ_{28}：材齢28日のヤング係数を用いて求めた死荷重作用時からのクリープ係数．

b. 有効曲げ剛性

1) ひび割れが発生しないコンクリート部材，実用上厳密な変位・変形を求める必要のない場合には，全断面有効とした断面二次モーメント I_g を用いて弾性

理論により計算してよい．

2) ひび割れは曲げモーメントに応じて発生するので，原則的には有効曲げ剛性は部材長にわたって一様ではない．曲げひび割れが発生したコンクリート部材の曲げ変位・変形量は，ひび割れによる剛性低下を考慮して求める．

3) 有効曲げ剛性を曲げモーメントによって変化させる場合，または一定とする場合に応じて，式(6.13)または式(6.14)を用いて計算する．

ⅰ) 有効曲げ剛性を曲げモーメントにより変化させる場合

$$E_e I_e = \left(\frac{M_{crd}}{M_d}\right)^4 \frac{E_e I_g}{1-\dfrac{\Delta M_{csg}}{M_d}} + \left[1-\left(\frac{M_{crd}}{M_d}\right)^4\right] \frac{E_e I_{cr}}{1-\dfrac{\Delta M_{cscr}}{M_d}} \quad (6.13)$$

ⅱ) 有効曲げ剛性を部材全長にわたって一定とする場合

$$E_e I_e = \left(\frac{M_{crd}}{M_{d\,max}}\right)^3 \frac{E_e I_g}{1-\dfrac{\Delta M_{csg}}{M_{d\,max}}} + \left[1-\left(\frac{M_{crd}}{M_{d\,max}}\right)^3\right] \frac{E_e I_{cr}}{1-\dfrac{\Delta M_{cscr}}{M_{d\,max}}} \quad (6.14)$$

ここに，I_e：短期または長期の有効換算断面二次モーメント，M_{crd}：断面に曲げひび割れが発生する限界の曲げモーメントで，コンクリートの引張縁の曲げ応力度が，曲げひび割れ強度f_{bck}となる曲げモーメント．この場合，γ_c, γ_bは一般に1.0とする．M_d：短期または長期の変位・変形量の計算時の設計曲げモーメント，$M_{d\,max}$：短期または長期の変位・変形量の計算時の設計曲げモーメントの最大値，ΔM_{csg}：全断面における収縮および鉄筋の拘束に起因する見かけの曲げモーメントで，次式で与えられる．

$$\Delta M_{csg} = E_s \left(\frac{I'_{sg}}{c_g - d'} - \frac{I_{sg}}{d - c_g}\right) \varepsilon'_{cs} \quad (6.15)$$

ΔM_{cscr}は，引張応力を受けるコンクリートを除いた断面（以下ではひび割れ断面）における収縮および鉄筋の拘束に起因する見かけの曲げモーメントで，次式により与えられる．

$$\Delta M_{cscr} = E_s \left(\frac{I'_{scr}}{c_{cr} - d'} - \frac{I_{scr}}{d - c_{cr}}\right) \varepsilon'_{cs} \quad (6.16)$$

ここに，断面に関する定数は短期または長期に対して考慮するものとする．I_g：全断面の図心まわりの全断面による断面二次モーメント，I'_{sg}：全断面の図心ま

わりの圧縮鉄筋による断面二次モーメント，I_{sg}：全断面の図心まわりの引張鉄筋による断面二次モーメント，I_{cr}：ひび割れ断面の図心まわりのひび割れ断面による断面二次モーメント，I'_{scr}：ひび割れ断面の図心まわりの圧縮鉄筋による断面二次モーメント，I_{scr}：ひび割れ断面の図心まわりの引張鉄筋による断面二次モーメント，c_g：圧縮縁から全断面の図心までの距離，c_{cr}：圧縮縁からひび割れ断面の図心までの距離，d'：圧縮縁から圧縮鉄筋までの距離，d：圧縮縁から引張鉄筋までの距離，ε'_{cs}：収縮ひずみ．

　式(6.13)および式(6.14)はいずれも，ひび割れ発生の有無にかかわらず，短期または長期における鉄筋コンクリート部材の変位・変形量の実用的な算定に用いることができる．

c. 長期の変位・変形量

1) 長期の変位・変形量は，式(6.11)から各断面の曲率 d^2y/dx^2 を数値積分することによって求められる．言い換えれば，弾性荷重 M_d/E_eI_e による曲げモーメントを計算すれば変形（たわみ）量 y が求められる．

2) 断面にひび割れが生じていない場合には，長期変位・変形量は，永久荷重による短期の変位・変形量と，それにクリープ係数を乗じて求めた変位・変形量との和として，式(6.17)により近似的に求めてよい．

$$\delta_l = (1+\phi)\delta_{ep} \tag{6.17}$$

ここに，δ_l：長期の変位・変形量，δ_{ep}：永久荷重による短期の変位・変形量，ϕ：クリープ係数．

第7章 疲労破壊に関する照査

7.1 変動荷重とその応力度

（1） 疲労破壊

1) 荷重の繰返し作用が卓越する構造物においては，疲労破壊に対する安全性を照査しなければならない．変動荷重の占める割合の大きな構造物には，鉄道橋の主ばりやスラブげた，道路橋の床版，波浪の影響を受ける海洋構造物などがある．疲労破壊は，1.4(3)でも説明したように断面破壊の限界状態の一種であるが，弾性状態から突然に破壊を生じるので，一般の安全性の照査とは区別して取り扱う．

2) 材料に繰返し荷重が作用すると，断面に生じる応力度が静的強度より十分に小さい値であっても，破壊に至ることがある．応力振幅が静的強度に対して一定値以下になると，疲労破壊を生じなくなる．この応力度を疲労限度といい，表面が平滑な軟鋼の場合，200×10^6 回でこのような疲労限度が認められている．コンクリートには疲労限度は認められていないが，繰返し回数 2×10^6 回の疲労強度は，静的強度の 50〜60％といわれている．

3) 疲労破壊に対する照査は，一般にはりの曲げおよびせん断，スラブの曲げおよび押抜きせん断に対して行う．柱に対しては通常省略されている．

（2） 変動荷重とその作用回数

1) 構造物が繰返し荷重の作用によって疲労破壊を生じないように設計するためには，設計耐用期間中に作用する変動荷重の大きさとその回数を予測する必要

がある．車軸による連行荷重を受ける鉄道橋の疲労は，長大橋梁よりもむしろ支間の短い橋梁のほうが厳しい．

　2）　実構造物に作用する変動荷重は，正弦波のように振幅や周期が一定しているものはほとんどなく，列車荷重あるいは波力など，対象とする荷重の種類によって複雑に変化する．変動荷重の種類による連続した不規則な応力波形を，独立した繰返し応力の集合に換算する方法が提案されている．鉄道構造物ではレンジペア法，港湾構造物ではゼロアップクロス法のほか，ピーク法などがある．

（3）　変　動　応　力

　1）　コンクリートおよび鉄筋に生じる変動応力は，図7.1に示すように，永久荷重による最小応力度f_{min}と，これに車両などの活荷重による応力度を累加した最大応力度f_{max}（死荷重応力度＋活荷重応力度）との間で変化する．正負の等しい曲げモーメントが作用する場合には，正負の等応力度（交番応力度）が繰り返し作用する．

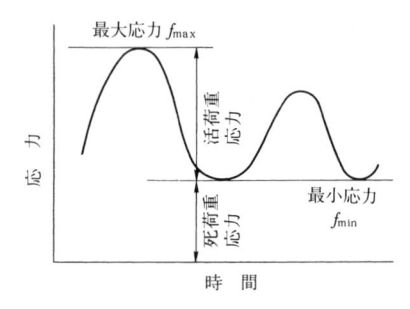

図7.1　変動荷重による応力

　2）　変動応力は使用状態の弾性域で変化しているので，引張鉄筋およびコンクリートの応力度は，第6章「使用性に関する照査」における応力度の計算仮定に従って求める．

　3）　繰返し荷重の作用を受けるコンクリートは，残留ひずみを生じること，応力−ひずみ曲線の形が変化すること，中立軸位置が変化することなどから，正確な応力度を求めることは難しい．このため，長方形断面の場合のコンクリートの設計変動応力σ'_{crd}は，図7.2に示すように，使用状態におけるコンクリートの曲げ圧縮応力度の合力，およびその作用位置を同じとしたストレスブロックの応力度とする．

$$\sigma'_{crd} = \frac{3}{4}\sigma'_c \tag{7.1}$$

ここに，σ'_c：使用状態におけるコンクリートの曲げ圧縮応力度，σ'_{crd}：コンクリートの設計変動応力．

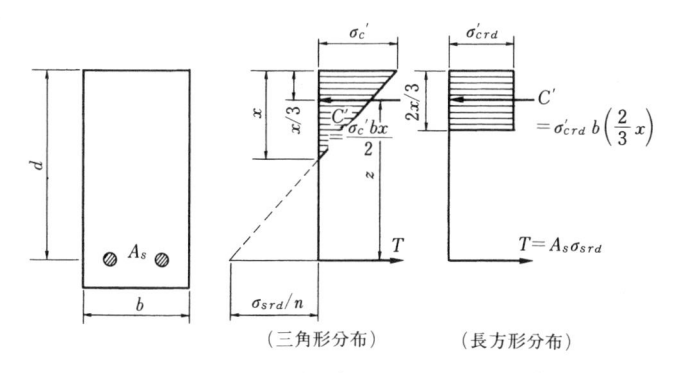

図 7.2 曲げ疲労荷重を受ける断面の設計変動応力

7.2 設計疲労強度

（1） 疲労限界図

1) 最小応力度を一定として最大応力度を変化させた場合，応力振幅（$f_{max} - f_{min}$）または（$f_{max} - f_{min}$）と，疲労破壊に至るまでの繰返し回数 N（疲労寿命）との関係を，疲労限界図または $S-N$ 曲線という．

2) 応力振幅を小さくすると，疲労寿命は大きく延びる．

3) 鋼材の $S-N$ 曲線は，応力振幅と繰返し回数を両対数で表示したとき，一般に逆比例の直線関係が認められている（後出図 7.4）が，異形鉄筋の場合には，10^7 回の範囲で疲労限度は認められていない．したがって，繰返し回数を明示して疲労強度が示される．

4) コンクリートの $S-N$ 曲線にも疲労限度は認められていないが，応力振幅と繰返し回数の対数表示との間に逆比例関係が認められている．また，水中で飽水状態または湿潤状態のコンクリートの圧縮疲労強度は，気乾状態の場合の 2/3 程度に低下することが知られている．このため，構造物コンクリートの乾湿条件によって設計疲労強度が区分されている．軽量骨材は一般に吸水率が大きく，コンクリート中でも飽水している可能性が大きいことから，軽量コンクリートの疲労強度は湿潤状態にある普通コンクリートと同等とされている．

（2） グッドマン線図

1) 疲労破壊は応力振幅ばかりでなく，最小応力の影響を受ける．所定の疲労寿命に耐える応力振幅は，最小応力度が大きいほど減少する．図7.3に示すグッドマン線図は，静的強度に対する最小応力の比および最大応力の比の関係を表したものである．疲労破壊に至る応力振幅は，最小応力比が大きいほど減少することを表している．

2) 図7.3のOPは最小応力比，QPは最大応力比を表しており，△OPQの

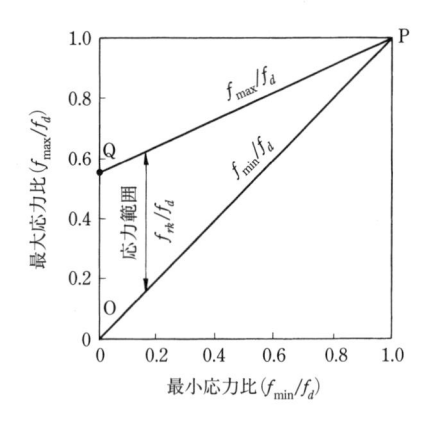

図7.3 グッドマン線図

縦距は応力振幅を示している．変動応力の応力振幅が△OPQの範囲内にあれば，疲労破壊に対して安全である．なお，OQは電磁式加振機による交番疲労強度として求められる．この図における比例関係から，応力振幅，最小応力度，材料の静的強度の関係として，式(7.2)を誘導できる．

$$\frac{f_{r0}}{f_d} = \frac{f_{rk}}{f_d - \sigma_{sp}} \tag{7.2}$$

$$\therefore f_{rk} = f_{r0}\left(1 - \frac{\sigma_{sp}}{f_d}\right)$$

ここに，f_d：材料の静的強度，f_{r0}：最小応力が0（完全片振り）のときの疲労強度，σ_{sp}：最小応力度（$=f_{min}$），f_{rk}：変動応力の振幅（$=f_{max}-f_{min}$）．

（3） 鉄筋の設計疲労強度

1) 構造物における鉄筋の疲労強度は，鉄筋の種類，形状および寸法，継手の方法，変動荷重の大きさと頻度等によって変化する．したがって，鉄筋の設計疲労強度は，原則として，これらを考慮した疲労試験結果に基づいて定める．

2) 疲労寿命を 2×10^6 回以上とする場合には，異形鉄筋の $S-N$ 曲線の勾配が変化するので，実験などによって確かめる必要がある．この場合，一般に k は 2×10^6 回以下の場合よりも小さくなる．

3) 異形鉄筋の疲労強度は，ふしと鉄筋の軸とのなす角およびふしの付け根の曲率など，形状および直径によって変化する．土木学会示方書では，異形鉄筋の設計疲労強度として式(7.3)を与えている．

$$f_{srd} = 190 \frac{10^a}{N^k}\left(1 - \frac{\sigma_{sp}}{f_{ud}}\right) \bigg/ \gamma_s \tag{7.3}$$

ただし，$N \leq 2 \times 10^6$

ここに，f_{srd}：異形鉄筋の設計疲労強度，f_{ud}：鉄筋の設計引張強度で，材料係数 $\gamma_s = 1.05$ として求めてよい．σ_{sp}：永久荷重による鉄筋の応力度（最小応力 $f_{\min}$），N：疲労寿命，a および k：試験により定めるのを原則とする．γ_s：鉄筋に対する材料係数で，一般に 1.05 としてよい．

4) 疲労寿命が 2×10^6 回以下の場合，a および k は一般に式(7.4)の値としてよい．

$$\left.\begin{array}{l} a = k_{0f}(0.81 - 0.003\phi) \\ k = 0.12 \end{array}\right\} \tag{7.4}$$

ここに，ϕ：鉄筋の直径（mm），k_{0f}：鉄筋のふしの形状に関する係数で，一般に 1.0 としてよい（表 7.1）．

表 7.1 k_{0f} の値

ふしの根元の円弧の有無	ふしと鉄筋軸とのなす角度	k_{0f}
なし	60° 以上	1.0
なし	60° 未満	1.05
あり	−	1.10

（4） コンクリートの設計疲労強度

1) 気乾状態のコンクリートの圧縮疲労に関する $S-N$ 曲線は，図 7.5 に示すように，静的強度に対する応力比で表した応力振幅と疲労寿命の対数との関係として表されている．土木学会示方書では，この関係を式(7.5)で与えている．

$$\begin{aligned} \log N &= K\frac{1 - S_{\max}}{1 - S_{\min}} \\ &= K\left(1 - \frac{S_r}{1 - S_{\min}}\right) \end{aligned} \tag{7.5}$$

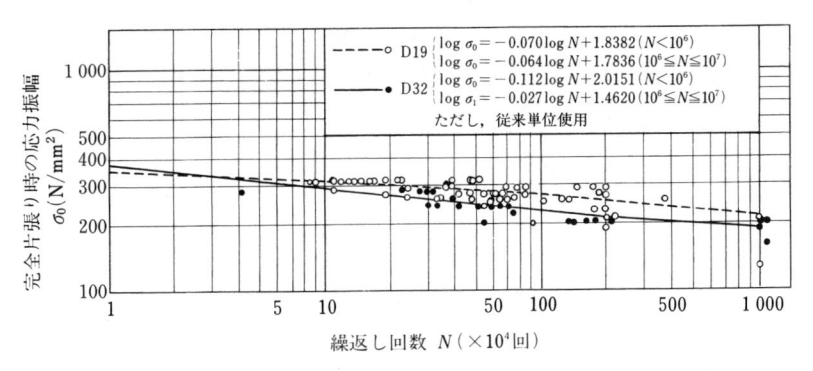

図7.4 異形鉄筋の S-N 線図の例（日本鉄鋼連盟「電炉鉄筋棒鋼の研究」）

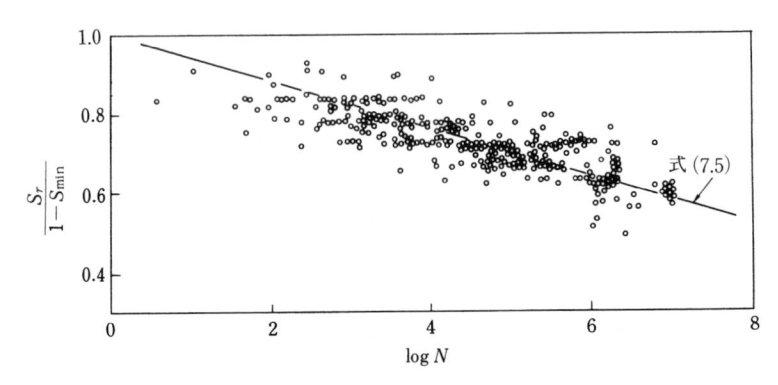

図7.5 気中におけるコンクリートの S-N 線図の例
（土木学会「コンクリートライブラリー」No.48）

ただし，$N \leqq 2 \times 10^6$

ここに，S_{max}：最大応力比（$= f_{max}/f_d$），S_{min}：最小応力比（$= f_{min}/f_d = \sigma_p/f_d$），$\sigma_p$：永久荷重による応力度（交番応力の場合 0），$S_r$：応力振幅の静的強度に対する比（$S_{max} - S_{min}$），$N$：疲労寿命，$K$：コンクリートの条件による係数で，気乾状態の普通コンクリートの場合 17，軽量コンクリートを含む湿潤状態の普通コンクリートの場合 10 としてよい．設計疲労強度すなわち応力振幅 f_{rd} は，式(7.5)を用いて次のように誘導される．ただし，設計強度 f_d に安全係数 k_{1f} を乗じて表している．

$$f_{rd} = f_{max} - f_{min}$$

$$= f_{\max}\left(1 - \frac{f_{\min}}{f_{\max}}\right)$$

$$= k_{1f} f_d \left(1 - \frac{\sigma_p}{f_d}\right)\left(1 - \frac{\log N}{K}\right) \tag{7.6}$$

ここに，材料強度f_dは，検討対象のそれぞれの設計強度で，材料係数γ_cを1.3として求めてよい．ただし，$f'_{ck} = 50\,\mathrm{N/mm^2}$に対する各設計強度を上限とする．安全係数$k_{1f}$は，圧縮および曲げ圧縮の場合0.85，引張りおよび曲げ引張りの場合1.0としてよい．

この式は，$f_{\min} = 0$で静的強度を表しており，またグッドマン線図の考え方に適合したものとなっている．

（5） スラブの設計押抜きせん断疲労耐力

面部材としての鉄筋コンクリートスラブの設計押抜きせん断疲労耐力V_{rpd}は，コンクリートの設計疲労強度と同様に表した式(7.7)により求めてよい．

$$V_{rpd} = V_{pcd}\left(1 - \frac{V_{pd}}{V_{pcd}}\right)\left(1 - \frac{\log N}{14}\right) \tag{7.7}$$

ここに，V_{rpd}：設計押抜きせん断疲労耐力，V_{pcd}：面部材の設計押抜きせん断耐力（式(5.46)による），V_{pd}：永久荷重作用時における設計押抜きせん断力．

7.3 疲労破壊の照査

（1） マイナー則

1） 構造物に作用する荷重は一定しておらず，種々の大きさの変動応力が繰り返し作用する．このような場合の疲労破壊規準としてマイナー則がある．最小応力度σ_{sp}を一定としたときの一連の変動応力（σ_{rd1}, σ_{rd2}, …, σ_{rdi}, …, σ_{rdm}）が，構造物の設計耐用期間中に作用する回数（n_1, n_2, …, n_i, …, n_m）を算定する．

2） 変動応力σ_{rdi}が単独で作用する場合の疲労寿命N_iを$S-N$曲線から求め，この変動応力による疲労損傷度を（n_i/N_i）と規定する．

3） 一連の変動応力によるそれぞれの疲労損傷度（n_i/N_i）の総和である累積

損傷度Mを求め，それが1.0に達すると疲労破壊を生じるとする直線被害則を仮定したものがマイナー則である．式(7.8)を満足するとき，疲労破壊に対して安全であると判定する．

$$M = \sum_{i=1}^{m} \frac{n_i}{N_i} < 1.0 \tag{7.8}$$

（2） 等価繰返し回数

一連の種々の変動応力σ_{rdi}を，基準とする設計変動応力f_{rd}に換算すると，S-N曲線から疲労破壊との関係が明瞭になる．マイナー則を用いれば，変動応力σ_{rdi}の1回の作用が設計変動応力f_{rd}の何回（N_{ei}）に相当するかは，$1/N_i = N_{ei}/N_{rd}$によって表すことができる．

一組の変動応力に対する等価繰返し回数N_{eq}は，それぞれの変動応力の作用回数n_iを考慮すると，次式で表される．

$$N_{eq} = \sum_{i=1}^{m} N_{ei} = \sum_{i=1}^{m} n_i \frac{N_{rd}}{N_i} \tag{7.9}$$

ⅰ） 鉄筋の場合

鉄筋の設計疲労強度式(7.3)を変形し，変動応力f_{sri}およびf_{srd}に対する疲労寿命N_iおよびN_{rd}を求め，鉄筋の設計疲労強度f_{rd}に対する等価繰返し回数N_{eq}を求めると，式(7.10)が得られる．

$$\begin{aligned}
N_{eq} &= \sum_{i=1}^{m} n_i \frac{10^{\left(\frac{1}{k}\right)\left\{\log 190 \times 10^a \left(1 - \frac{\sigma_{sp}}{f_{ud}}\right) - \log f_{srd}\right\}}}{10^{\left(\frac{1}{k}\right)\left\{\log 190 \times 10^a \left(1 - \frac{\sigma_{sp}}{f_{ud}}\right) - \log f_{sri}\right\}}} \\
&= \sum_{i=1}^{m} n_i 10^{\left(\frac{1}{k}\right)(\log f_{srd} - \log f_{srd})} \\
&= \sum_{i=1}^{m} n_i \left(\frac{f_{srdi}}{f_{srd}}\right)^{\frac{1}{k}}
\end{aligned} \tag{7.10}$$

ⅱ） コンクリートの場合

コンクリートの設計疲労強度式(7.6)を変形し，変動応力f_{rdi}およびf_{rd}に対する疲労寿命N_iおよびN_{rd}を求め，コンクリートの設計疲労強度f_{rd}に対する等価繰返し回数N_{eq}を求めると，式(7.11)が得られる．

$$N_{eq} = \sum_{i=1}^{m} n_i \frac{10^{K\left\{1 - \frac{f_{rd}}{k_{1f} f_d (1 - \sigma_p / f_d)}\right\}}}{10^{K\left\{1 - \frac{f_{rdi}}{k_{1f} (1 - \sigma_p / f_d)}\right\}}}$$

$$= \sum_{i=1}^{m} n_i 10^{\frac{K(f_{rdi} - f_{rd})}{k_{1f} f_d (1 - \sigma_p / f_d)}} \tag{7.11}$$

ⅲ) スラブの押抜きせん断疲労の場合

スラブの押抜きせん断疲労耐力 V_{rpd} に関する式(7.7)を用い，コンクリートの場合と同様に展開すれば，スラブの押抜きせん断疲労耐力に対する等価繰返し回数 N_{eq} は式(7.12)のように求められる．

$$N_{eq} = \sum_{i=1}^{m} n_i 10^{\frac{14(V_{rpi} - V_{rpd})}{V_{pcd}(1 - V_{pd}/V_{pcd})}} \tag{7.12}$$

(3) 照査方法

疲労破壊に対する照査の手順は，まず適切に定めた設計変動応力 f_{rd}（または設計変動力）に対する等価繰返し回数 N_{eq} を，式(7.10)，式(7.11)または式(7.12)によって求める．次に，求めた等価繰返し回数を設計疲労強度 f_{rd}（または設計疲労耐力）を，式(7.3)，式(7.6)または式(7.7)に代入し，設計疲労強度（耐力）を算定する．照査は，式(7.13)または式(7.14)による．強度または耐力のいずれで行っても同じである．

ⅰ) 応力による場合

$$\frac{\gamma_i \sigma_{rd}}{f_{rd}/\gamma_b} \leq 0.1 \tag{7.13}$$

ただし，$f_{rd} = f_{rk}/\gamma_m$ とする．

ⅱ) 断面耐力による場合

$$\frac{\gamma_i S_{rd}}{R_{rd}} \leq 0.1 \tag{7.14}$$

ただし，$S_{rd} = \gamma_a S_r(F_{rd})$，$R_{rd} = R_r(f_{rd})/\gamma_b$

部材係数 γ_b は 1.0～1.1 とする．

第8章 耐震性に関する照査

8.1 耐震設計一般

1) わが国は地震発生頻度の高い国であり，1923年9月の関東大地震を契機としてコンクリート構造物の耐震設計方法が検討された．その後も，大地震を経るごとに見直され，さらに1995年1月に発生した兵庫県南部地震の被害を考慮して，同年に土木学会示方書および道路橋示方書の耐震設計方法は大幅な見直しが行われた．現在では，土木学会示方書・2007年制定の設計編，道路橋示方書・平成24年版に反映されている．

2) 地震に対する限界状態では，構造物の質量や負載質量に地震動の加速度が作用するため，大きな水平方向の慣性力が，また条件によっては鉛直方向にも作用する．このため，柱などでは，曲げモーメントおよびせん断力が付加され，大きな損傷に至ることがある．

3) コンクリート構造物の耐震設計は，①地震時の安全性の確保，②人命の損失を生ずるような崩壊の防止，③地震後の地域住民の生活および生産活動に支障を与えるような機能低下の抑制，を目標として行われる．

4) 耐震設計は，構造物を構成する部材ばかりでなく，構造物全体が所要の耐震性能を有するようにし，構造部材の強度とともに変形性能を高めることによって，構造全体系の崩壊を防止する．

8.2 耐震設計法と設計地震動

（1） 耐震設計法

1） 地震力は，正負交番に作用する地震動による加速度に構造物が応答した結果として生じる．地震時の挙動が複雑でない構造物の耐震設計は，地震動の加速度による構造物質量の慣性力を静的な荷重に置換した震度法，部材の降伏以後に最大耐力に達し水平変位が増大しながらも保持する耐力を基準とする地震時保有水平耐力法によって行う．震度法によって定めた断面が地震時保有水平耐力法による安全性の判定基準を満足しない場合には，これを満足するように断面を定めなければならない．

2） 地震時の挙動の複雑な構造物については，地震動による構造物の応答挙動を精度よく推定するため，時刻歴地震波形，加速度応答スペクトル等による動的解析により計算する．また，地震動による構造物の変位，断面力，応力などを算定するためには，構造物および材料の力学特性を適切にモデル化する必要がある．

3） 構造物の地震応答を解析するための構造モデルとしては，図8.1に示すよ

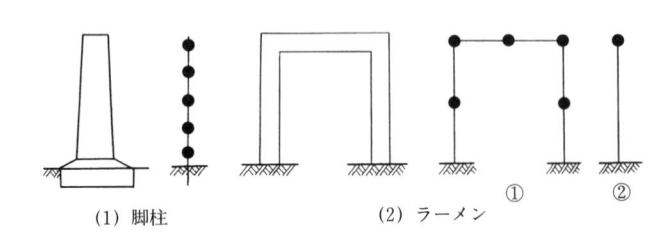

図8.1 構造モデルの例

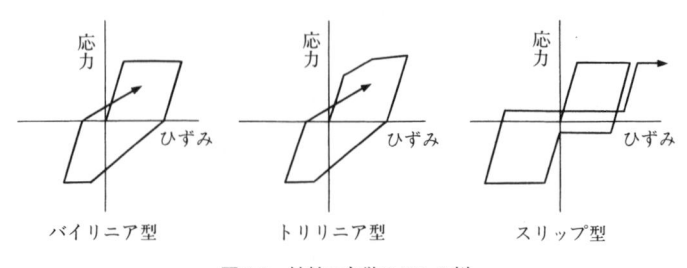

図8.2 材料の力学モデルの例

うな多質点または1質点の線材モデル，三次元または二次元有限要素モデルが利用される．材料の力学特性モデルは，部材の塑性域や復元力特性を表すことができるよう，図8.2に示すような非線形履歴モデルまたは線形モデルが用いられる．

4) 構造物に免震支承を用いて構造物の固有周期を長くし，減衰性能を高めることによって構造物に作用する慣性力を低減する耐震設計法も行われている．

（2） 設計地震動

1) 設計において想定する地震動は，想定地震の規模，想定地震源と建設地点との距離，建設地点の地形，地質，地盤などの特性を考慮して定めなければならない．

2) 設計地震動は，一般に次に示す2つのレベルが想定される．

① レベル1地震動——この地震動は，構造物の設計耐用期間内に数回発生する大きさのもので，50年程度ごとに発生する規模の地震を考えている．この地震動は，従来から一般に想定されていた地震外力に相当する．一般に，地震時に構造物に作用する慣性力は，水平応答加速度として0.2程度の大きさである．

② レベル2地震動——この地震動は，構造物の設計耐用期間内に発生する確率がきわめて小さく，数百年から1000年の再現期間のきわめて強い地震動である．この地震動は，直下もしくは近傍における内陸の活断層によるもの，また陸地近傍で発生する大規模なプレート境界地震である．レベル2地震動を対象とする場合には，既往の地震観測記録から，建設地点の地盤振動性状を反映するよう修正した模擬地震波が作成される．

（3） 地震の影響

1) 構造物が受ける地震の影響として，次のものを考慮する．

① 構造物の質量および負載質量に起因する慣性力——構造物躯体の質量および負載質量に地震動の加速度が作用することによって，慣性力としての荷重が作用するが，地震時に負載質量が作用している確率を考慮する必要がある．すなわち，鉄道橋などにおいて，地震時に列車がその上を走行している確率は著しく小さいので，一般に，主たる変動荷重の影響を考慮せず，永久荷重

および従たる変動荷重が対象となる．

② 構造物と地盤との動的相互作用に起因する荷重——橋台や擁壁などにおいては，構造物躯体と地盤とは地震動変位が相対的に異なるので，躯体表面に対して垂直方向および接線方向に荷重が作用する．

③ 地震時動水圧——水を貯留している構造物，水に接している下部構造などでは，地震動の加速度に比例する力を動水圧として受ける．

④ 液状化に起因する地盤流動による荷重——構造物の建設地盤は，地震時の液状化を生じないように処置しておくことが原則であるが，これが技術的に困難であったり，著しく不経済である場合などには，地盤の流動によって構造物に作用する荷重を考慮する．

2) 地震動の方向は，一般に直交する水平2方向を独立に考慮することが行われている．鉛直方向の地震力は一般には考慮する必要はないが，構造物の特性によっては，水平方向の1/2～2/3の大きさを考慮する．

（4） 震度法に用いる設計水平震度

道路橋示方書の震度法によって地震力を算定する場合，構造物の質量およびその負載質量の重心位置に，式(8.1)に示す設計水平震度を乗じる．これは，地盤種別および構造物の固有周期による地震動のレベル別の設計水平震度の標準値（レベル1地震動の場合を図8.3に示す）を，地震活動を考慮した地域区分（レベル1地震動およびレベル2地震動（タイプⅡ）の場合を図8.4に示す）によって補正するものである．なお，レベル2地震動の場合，構造系の許容塑性率から定まる構造物特性補正係数を式(8.1)の右辺に乗じる．

$$k_h = c_z k_{h0} \tag{8.1}$$

ここに，k_h：設計水平震度，k_{h0}：設計水平震度の標準値（図8.3），c_z：地域別補正係数（図8.4）．

ただし，土の質量に起因する慣性力および地震時土圧の算定に用いる設計水平震度の標準値 k_{h0} は，地盤種別Ⅰ種（良好な洪積地盤および岩盤），Ⅱ種（いずれにも属しない地盤），Ⅲ種（軟弱地盤）に対してそれぞれ0.16，0.2，0.24とする．地震時動水圧の算定に用いる設計水平震度は，貯留している構造物の設計水平震度と同じ値を用いる．

8.2 耐震設計法と設計地震動

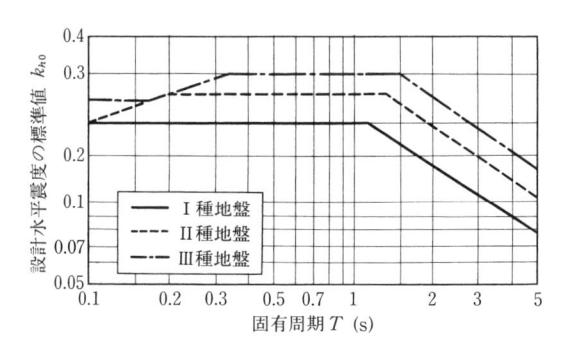

図 8.3 設計水平震度の標準値（道路橋示方書・耐震設計編）

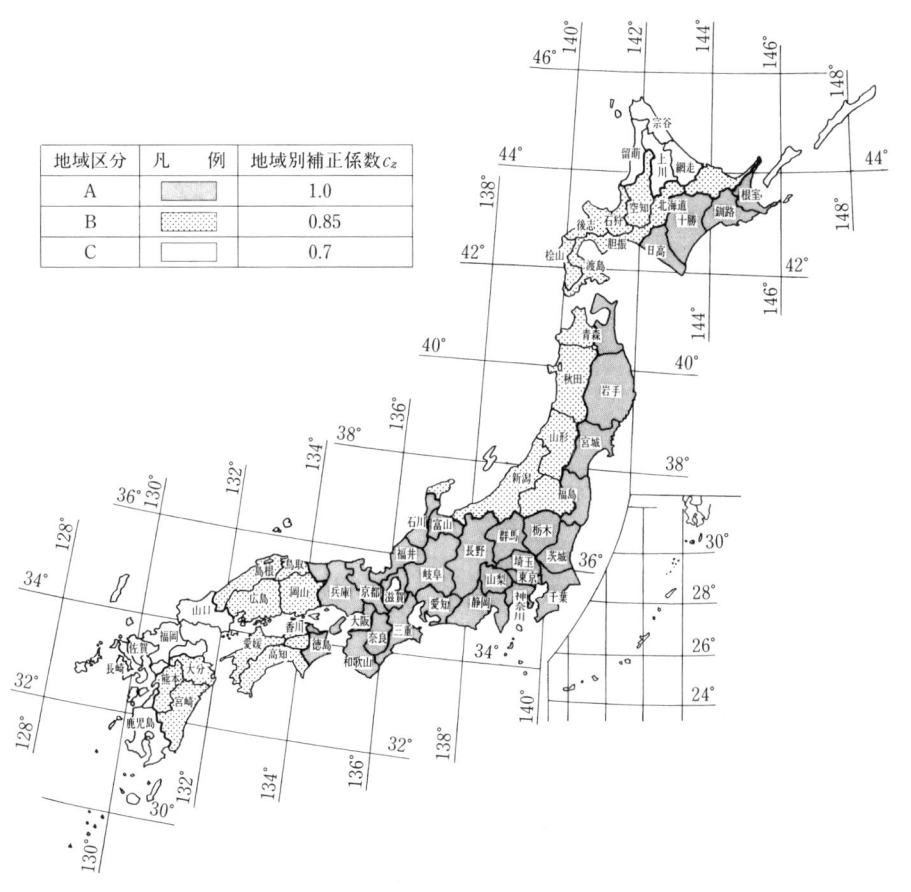

地域区分	凡例	地域別補正係数 c_z
A		1.0
B		0.85
C		0.7

図 8.4 地域別補正係数の地域区分（レベル1およびレベル2地震動（タイプⅡ），道路橋示方書・耐震設計編）

8.3 構造物の耐震設計と耐震性能

(1) 地震力を受ける部材の変形性状

1) 鉄筋コンクリート柱やはり部材は，曲げ破壊を生じる前にせん断破壊を起こしてはならない．せん断破壊は変形が小さく，急激な破壊を呈して危険である．鉄筋コンクリート構造物は，一般にせん断耐力に達する前に，曲げによる引張鉄筋の応力が降伏強度に達するように設計されている．このとき，帯鉄筋やフープが適切に配置されていれば，大きな変形を生ずることによって地震力のエネルギーを吸収できる．

2) 鉄筋コンクリート部材の地震時の挙動を検討するために，降伏変位を目安にして正負の繰返し載荷試験を行い，図8.5に示すような載荷履歴曲線が得られる．鉄筋が降伏するまでは，一般に荷重と変形との関係は直線的に変化する．しかし，鉄筋が降伏すると荷重の増加は小さく変形が増大し，除荷すると変形が残留するようになる．このような載荷履歴曲線の包絡線によって，部材の耐震性能の検討が行われている．

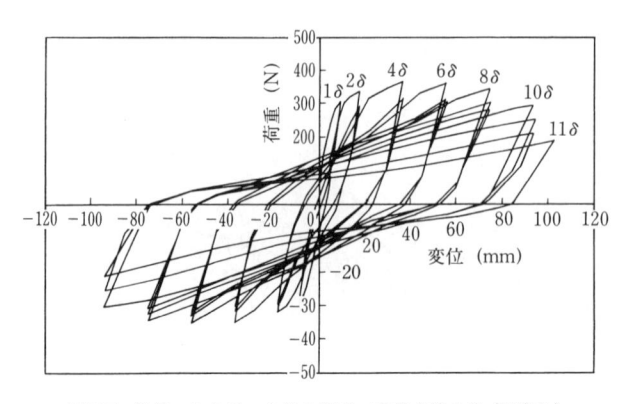

図8.5 鉄筋コンクリート柱の荷重—変位曲線の例（國府ら）

3) 過去の被災例や実験結果から想定される構造物の地震時の最大応答変位と損傷の程度との関係を，部材の降伏変位 δ_y で表すと次のようである．$1\delta_y$ の変位を受けてもほぼ弾性的性状を示し，構造的に健全である．$2\delta_y$ の変位でもひび

割れはそれほど顕著でなく，相当の健全性を保つ．$3\delta_y$の変位を生じるとフーチング等の付け根部には斜めひび割れが発生し，地震後の補修が必要になる．$4\delta_y$では地震後に残留変形が目立ち，補強が必要なまでに損傷を受ける．

4) 曲げ降伏が想定される部位の設計せん断耐力が，部材の曲げ耐力に達するときのせん断力の2倍程度あれば，曲げ降伏以後に交番載荷を受けても，確実に曲げ破壊とすることができる．すなわち，帯鉄筋やらせん鉄筋などの横方向鉄筋を適切に配置することによって，軸方向鉄筋の座屈を防止し，コアコンクリートを十分に拘束することが重要である．

（2） 限界値の算定

構造物の耐震性能を照査するためには，部材の降伏変位，終局変位および部材のせん断耐力またはねじり耐力を算定する必要がある．

1) 部材の降伏変位は，鉄筋引張りの合力位置の鉄筋が降伏するときの変位とする．一般のはり部材などでは，断面の最外縁の鉄筋または引張鉄筋の重心位置の鉄筋が降伏するときの荷重であるが，柱などのように断面周囲の全体にわたって鉄筋が配置されている場合には，必ずしも部材の降伏を示すものではない．そこで，土木学会示方書・設計編では，部材の降伏荷重は部材が降伏したとみなせる荷重であって，鉄筋に発生している引張力の合力位置の鉄筋が降伏するときの値としている（図8.6）．

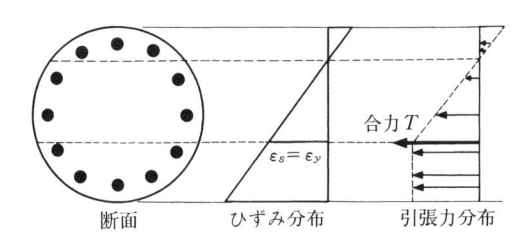

図8.6 降伏荷重時のひずみおよび引張力分布

2) 部材の終局変位は，部材の荷重－変位関係（例えば，図8.5）の骨格曲線（図8.7）で，荷重が降伏荷重を下まわらない最大の変位である．

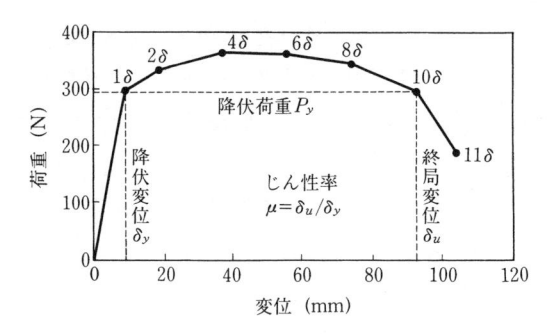

図 8.7　部材のじん性率（図 8.5 の包絡線）（國府ら）

3) 終局変位を降伏変位で除した値を，部材のじん性率という（図 8.7）．じん性率は，過大荷重が作用したときの部材断面の粘り強さの程度を示し，横方向鉄筋が適切に配置された部材であれば，じん性率を 10 程度以上にすることができる．

4) 地震力に対する部材の最大応答変位を降伏変位で除した値を，部材の塑性率という．この値は，地震荷重が作用したときの部材の健全度の指標となる．

(3)　耐震性能とその限界値

1) 構造物が保有すべき耐震性能は，設計地震動のほか，構造物の損傷による人命への影響，二次災害防止活動への影響，震災後の経済活動や復旧の容易さなどで，一般に次の3つの耐震性能を考慮する．

①　耐震性能 1 ――地震後にも構造物の機能は健全で，補修をしなくても使用が可能な状態である．

②　耐震性能 2 ――地震後に構造物の機能が短時間で回復でき，補強を必要としない状態である．

③　耐震性能 3 ――地震後に構造物が修復不可能な状態に破損しても，構造物全体系は崩壊しない状態を指す．

2) 構造物の耐震性に関する限界値は，耐震性能1および2については，構成部材の損傷状態に関する，また耐震性能3については，構造物の安定と構成部材の抵抗力に関する限界値を満足することを照査する．限界値としては次のものがあげられる．

①　耐震性能 1：部材の降伏変位または降伏回転角――この状態は，部材に発

生する力が部材の降伏荷重に至っておらず，構造物の地震後の残留変形は十分に小さい範囲にとどまっている．
② 耐震性能2：部材のせん断耐力，ねじり耐力，および部材の終局変位または終局回転角——この状態は，地震時に構造物の各部材はせん断破壊せず，部材の応答変位が終局変位に至っておらず，構造物の耐荷力は保持されている．
③ 耐震性能3：鉛直部材のせん断耐力および構造物の自重支持耐力——一般のコンクリート構造物では，鉛直部材がせん断しておらず，構造物が倒壊しないことである．

8.4 耐震性の照査

（1） 耐震性能の照査

1) 構造物の耐震性の照査は，設計で想定した地震動に対して所要の耐震性能を保有することを目的に行い，一般に次の検討を行えばよい．
① レベル1地震動に対して，耐震性能1を満足させる．
② レベル2地震動に対して，耐震性能2または耐震性能3を満足させる．

すなわち，構造物の設計耐用期間内に数回発生する大きさの地震に対しては，地震後に補修することなく使用することができ，発生確率のきわめて小さい大規模地震に対しては，地震後における構造物の機能を短時間に回復させることができる，または構造物全体の壊滅的崩壊を防止することを目標としている．

2) 構造物の耐震性能の照査は，地盤・基礎構造および上部構造を一体とした連成解析によって行う必要がある．鉄筋コンクリートの脚柱のような一般的な部材の耐震性能の照査の概略は，次のようである．

（2） 耐震性能1に対する照査

一般に，構造物を1質点系の線材モデルとして，質量の地震加速度による慣性力を地震荷重とし，線材の力学特性モデルは線形として応力状態を解析する．部材はひび割れを生じているのが通常であるから，部材剛性にはひび割れの影響を考慮する．そして，鉄筋およびコンクリートに発生する応力度が，材料の設計強

度(設計基準強度または規格降伏点強度)以下であることを照査する.安全係数は,使用限界状態における値の1.0を用いる.

(3) 耐震性能2に対する照査

一般に,構造物は著しい損傷を受けるので,設計地震動は時刻歴地震波形または加速度応答スペクトルなどを用いた構造モデルの応答挙動を,材料特性を非線形履歴モデル等によって表して解析する.そして,構造物の地震時における応答変位または残留変位が制限値以下であることを照査する.この場合の安全係数は,一般に終局限界状態における値を用いる.

a. 破壊モードの判定

構造物の耐震性能は,部材の破壊が曲げまたはせん断に支配されるかによって著しく相違するので,部材の破壊モードを判定する必要がある.部材の破壊モードは,式(8.2)によって判定する.

$$\left.\begin{array}{l}\dfrac{V_{mu}}{V_{yd}} \leq 1.0\ \text{曲げ破壊モード} \\ \phantom{\dfrac{V_{mu}}{V_{yd}}} > 1.0\ \text{せん断破壊モード}\end{array}\right\} \quad (8.2)$$

ここに,V_{mu}:部材が曲げ耐力M_uに達するときの部材各断面のせん断力,M_u:部材の曲げ耐力で鋼材の強度には特性値に材料係数を乗じた値,V_{yd}:各断面の設計せん断耐力.

断面の設計せん断耐力は,せん断補強鋼材を用いない場合の設計せん断耐力で,式(5.39)によって求める($\gamma_b = 1.3$).

b. 曲げ破壊モードの場合の安全性の検討

① 部材の破壊が曲げに支配される場合には,部材の降伏以後の大きな変形性能により地震動のエネルギーを吸収し,部材の塑性率を上まわるじん性率を発揮する必要がある.したがって,この場合の安全性の検討は式(8.3)によって行う.

$$\dfrac{\gamma_i \mu_{rd}}{\mu_d} \leq 1.0 \quad (8.3)$$

ここに,μ_{rd}:部材の設計塑性率,μ_d:部材の設計じん性率,γ_i:構造物係数.

② 一般の部材におけるじん性率は，式(8.4)によって評価する．

$$\mu_d = \frac{\mu_0 + (1 - \mu_0)(\sigma_0/\sigma_b)}{\gamma_b} \tag{8.4}$$

ただし，$V_{cd}/V_{mu} \leq 1.4$，$V_{sd}/V_{mu} \leq 1.4$

ここに，$\mu_0 = 12\ (0.5V_{cd} + V_{sd})/V_{mu} - 3$，$\sigma_0$：軸圧縮応力，$\sigma_b$：釣合破壊時の軸圧縮応力．

③ せん断補強鋼材を用いない棒部材の設計せん断耐力 V_{cd} の算出に用いる γ_b は 1.3，せん断補強鋼材により受け持たれる設計せん断耐力 V_{sd} の算出に用いる γ_b は 1.15 とする．なお，釣合破壊時の軸圧縮応力は，鉄筋の引張合力位置の鉄筋が降伏ひずみに達すると同時に，コンクリートの縁圧縮ひずみが終局ひずみになるような軸力が作用した場合の平均圧縮応力である．

c. せん断破壊モードの場合の安全性の検討

部材の破壊がせん断に支配される場合には，地震動によって部材がせん断破壊しないよう，部材の設計せん断耐力は設計せん断力よりも大きくする必要がある．したがって，この場合の安全性の検討は，式(8.5)によって行う．

$$\frac{\gamma_i V_d}{V_{yd}} \leq 1.0 \tag{8.5}$$

ここに，V_d：部材の設計せん断力，V_{yd}：部材の設計せん断耐力，γ_i：構造物係数．

（4） 耐震性能3に対する照査

構造物の耐震性能3に対する照査は，レベル2地震動に対して構造物全体が崩壊するか否かを検討するものである．構造部材は著しい損傷を受けた状態で，一部が耐荷力を失っても，構造物の質量や負載質量などに対する余力を残していることが必要である．

第9章 はり，柱およびスラブの設計

9.1 は　　　り

(1) 一　　般

1) 鉄筋コンクリートはりは，その断面形状から長方形ばり，T形ばり，I形ばりおよび箱形ばりなどがある．また，支持条件からは，単純ばり，連続ばり，固定ばり，片持ちばりがある．

2) はりの断面力は，構造形式，載荷状態等を考慮して，線形解析によって求めることを原則とし，この場合の断面の曲げ剛性，せん断剛性およびねじり剛性は，一般にコンクリートの全断面を用いて算出してよい．これは，構造系全体の断面力の分布が，ひび割れ等による剛性変化の断面力算定にあまり影響しないからである．

(2) ス パ ン

単純ばりの計算に用いるスパンは，支承の中心間距離とする．ただし，支承の奥行が長い場合には，はりの純スパンにスパン中央におけるはりの高さを加えたものとする．剛な壁またははりと単体的につくられた場合には，純スパンをスパンとする．連続ばりのスパンは，支承面の中心間距離とする．

(3) T形ばりの圧縮突縁の有効幅

1) T形ばりの計算は，圧縮突縁の応力度分布は有効幅の圧縮突縁に一様に働くと仮定する簡易法によって行われている．突縁上面のスパン方向の応力度の分

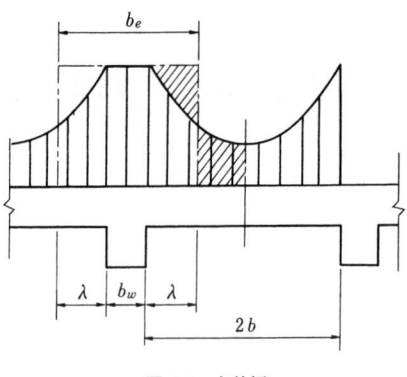

図 9.1 有効幅

布および有効幅を図 9.1 に示す.
 2) 曲げモーメントに対する圧縮突縁の有効幅は,次により求める.
  ⅰ) 両側にスラブがある場合(図 9.2(a))

$$b_e = b_w + \left(b_s + \frac{l}{8}\right) \tag{9.1}$$

ただし,b_e は両側のスラブの中心線間の距離を超えてはならない.
  ⅱ) 片側にスラブがある場合(図 9.2(b))

$$b_e = b_1 + \left(b_s + \frac{l}{8}\right) \tag{9.2}$$

ただし,b_e はスラブの純スパンの 1/2 に b_1 を加えたものを超えてはならない.

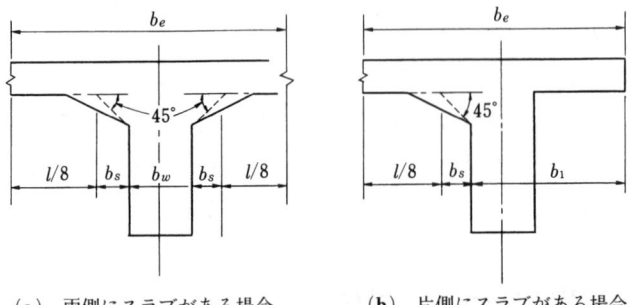

(a) 両側にスラブがある場合   (b) 片側にスラブがある場合

図 9.2 T形ばりの圧縮突縁の有効幅

ここに，l は，単純ばりではスパン，連続ばりでは反曲点間距離（図9.3），片持ちばりでは純スパンの2倍とする．また，b_s は，ハンチの高さに等しい値より大きくとってはならない．

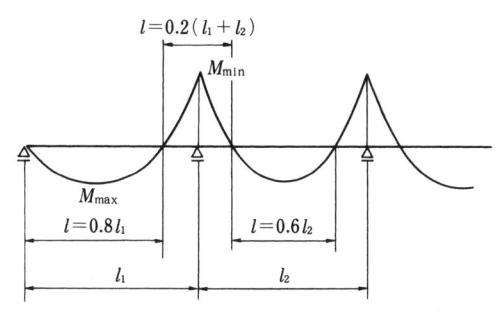

図9.3 連続ばりの l のとり方

3) 軸方向力に対する圧縮突縁の有効幅は，一般に全幅をとる．
4) 不静定力の算定に用いるT形ばりの圧縮突縁の有効幅は，一般に全幅をとる．

（4） 連続ばりの曲げモーメント

連続ばりの中間支点上の負の曲げモーメントは，支承幅，はり高，横ばりの影響を受け，線材の構造解析結果のような尖った形にはならないので，次のように設計曲げモーメントを低減することができる（図9.4）．

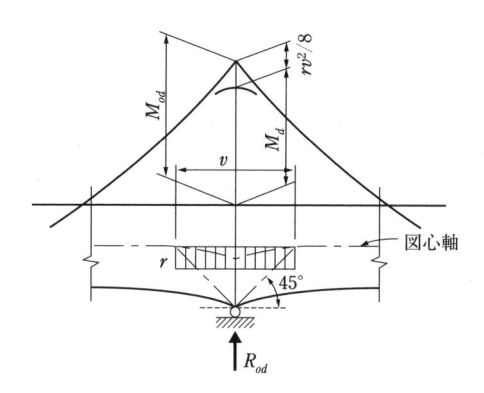

図9.4 中間支点上の設計曲げモーメント

$$M_d = M_{od} - \frac{rv^2}{8} \tag{9.3}$$

ただし，$M_d \geqq 0.9 M_{od}$

ここに，M_d：中間支点上で低減された設計曲げモーメント，M_{od}：支承として求めた中間支点上の設計曲げモーメント $r = R_{od}/v$，R_{od}：中間支点の設計支点反力，v：断面の図心位置における支点反力の部材軸方向の仮想分布幅．

（5） 構造細目

1) T形ばりの突縁，箱形ばりの上スラブおよび下スラブの厚さは 80 mm 以上，腹部の厚さは 100 mm 以上とする．

2) 圧縮鉄筋のある場合のスターラップの間隔は，圧縮鉄筋直径の 15 倍以下，かつスターラップ直径の 48 倍以下とする．

3) はりの高さが大きい場合には，腹部のひび割れに対する水平用心鉄筋を，また支点付近には腹部のひび割れに対して用心鉄筋を，それぞれ配置する．

9.2 柱

（1） 一 般

1) 柱の設計は，部材の形状および剛性，接合する部材との剛比，接合部の構造ならびに載荷状態等を考慮した構造解析により算定した軸方向力，曲げモーメントおよびせん断力等に基づいて行う．

2) 鉄筋コンクリート柱には，横方向鉄筋の形状から，帯鉄筋柱とらせん鉄筋柱がある（5.3(3)参照）．また，柱の有効長さと回転半径との比（細長比）が 35 以下の柱を短柱といい，細長比が 35 を超える柱を長柱という．

3) 短柱は，柱の横方向変位の影響を無視してよい．長柱の構造解析は，柱の横方向変位の影響を考慮して行う．横方向変位による二次モーメントは，細長比，断面形状，荷重の種類，柱端の拘束条件，材料の性質，鉄筋の量と配置，施工誤差による偏心量，収縮およびクリープの影響等を考慮して求める．

（2） 細 長 比

1) 細長比を求める場合の柱の有効長さは，柱の両端の固定度に応じて定める．すなわち，柱の端部が横方向に支持されている場合には，柱の有効長さは構造物の軸線の長さとし，柱の一端が固定され，他端が自由に変位できる柱では，柱の有効長さは構造物の2倍の長さとする．

2) 回転半径の算定には，コンクリートの全断面を用いてよい．

（3） 帯鉄筋柱

1) 帯鉄筋柱の最小横寸法は 200 mm 以上とする．

2) 軸方向鉄筋の直径は 13 mm 以上とし，本数は 4 本以上で，鉄筋の断面積は計算上必要なコンクリート断面積の 0.8% 以上，かつ 6% 以下とする．

3) 帯鉄筋の直径は 6 mm 以上，間隔は柱の最小横寸法以下，軸方向鉄筋の直径の 12 倍以下，かつ帯鉄筋の直径の 48 倍以下とする（図9.5）．なお，はりその他の部材との接合部分には，特に十分な帯鉄筋を用いる．

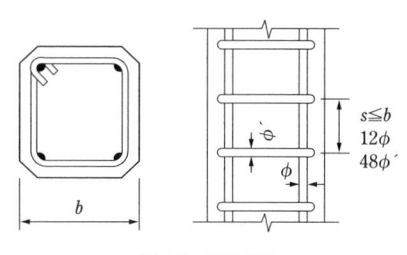

図 9.5 帯鉄筋柱

（4） らせん鉄筋柱

1) らせん鉄筋柱に用いるコンクリートの設計基準強度は，20 N/mm^2 以上とする．

2) らせん鉄筋柱の有効断面の直径（d_{sp}：らせん鉄筋の中心線の描く円の直径）は 200 mm 以上とする．

3) 軸方向鉄筋の直径は 13 mm 以上，本数は 6 本以上，鉄筋断面積は柱の有効断面積の 1% 以上で 6% 以下，かつらせん鉄筋の換算断面積の 1/3 以上とする．

4) らせん鉄筋の直径は 6 mm 以上，ピッチ（s）は柱の有効断面（A_e）の直

径 (d_{sp}) の 1/5 以下，かつ 80 mm 以下とする（図 9.6）．らせん鉄筋の換算断面積は柱の有効断面積の 3% 以下とする．なお，はりその他の部材との接合部分には，十分ならせん鉄筋を用いる．

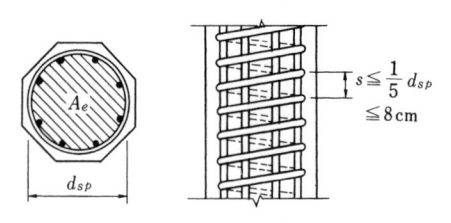

図 9.6　らせん鉄筋柱

（5）　鉄筋の継手

1)　軸方向鉄筋の継手は，原則としてガス圧接継手，機械継手，圧着継手またはエンクローズ溶接継手を用いる．重ね継手を用いる場合には，同一断面での継手の数を軸方向鉄筋の数の 1/2 以下とする．

2)　らせん鉄筋に重ね継手を設ける場合には，重ね合せ長さを一巻き半以上とする．

9.3　スラブ

（1）　一　　般

1)　スラブは，厚さが長さあるいは幅に比べて薄い平面状の部材であって，荷重がその面にほぼ垂直に作用するものをいう．スラブは主鉄筋の配置によって，一方向スラブと二方向スラブとに分けられる．

2)　一方向スラブとは，図 9.7 に示すように主鉄筋が一方向だけにあるもので，二方向スラブとは図 9.8 のように主鉄筋が直交する二方向に配置されているものである．

3)　スラブの支持条件からは，単純スラブ，連続スラブおよび固定スラブに分けられ，スラブの支持辺の数から，二辺支持スラブ，三辺支持スラブおよび四辺支持スラブに分けられる．

9.3 スラブ

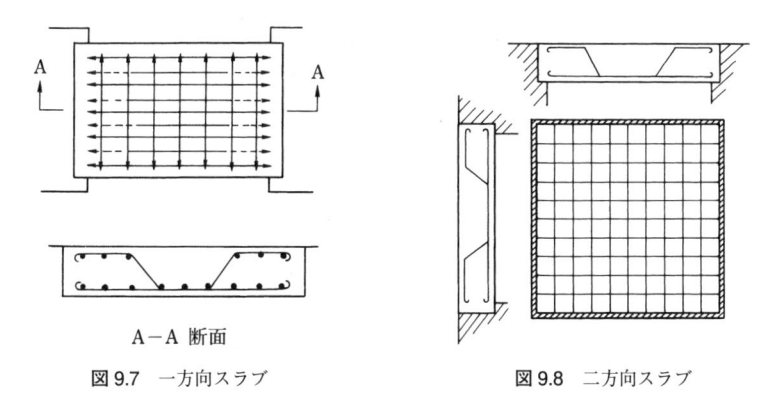

図9.7 一方向スラブ

図9.8 二方向スラブ

4) スラブの構造解析は薄板理論により行うことが原則とされているが，この解析法は計算が繁雑であるから，一般に近似的な方法が用いられる．

（2） スラブの構造解析

1) スラブの計算に用いるスパンは，支承面の中心間距離とする．ただし，支承の奥行の長い場合には，スラブの純スパンにスパン中央におけるスラブの厚さ

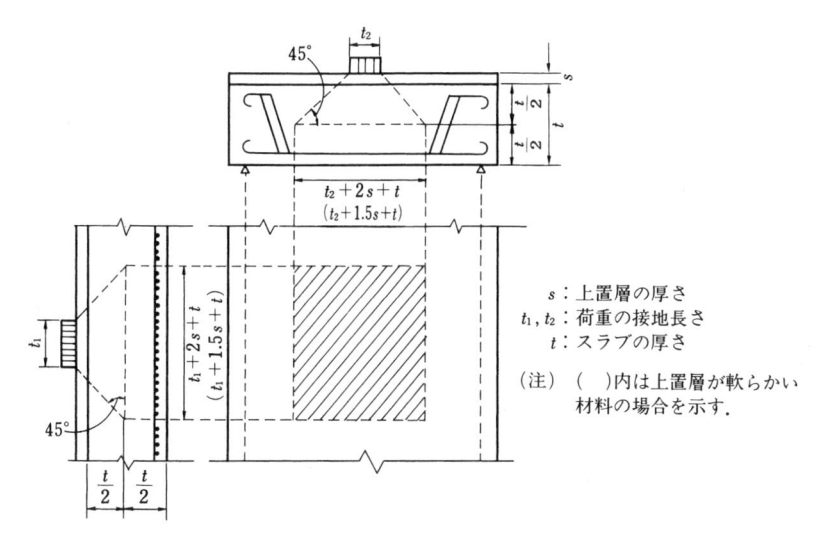

s：上置層の厚さ
t_1, t_2：荷重の接地長さ
t：スラブの厚さ

（注）（ ）内は上置層が軟らかい材料の場合を示す．

図9.9 集中荷重の分布幅

を加えたものとする．

2) 剛な壁またははりと単体的につくられたスラブの場合には，純スパンをスパンとする．

3) スラブ表面に作用する集中荷重は，その接触面の縁からスラブ厚さの1/2の距離だけ離れ，荷重とスラブとの接触面に相似な形状を有する範囲に分布するものとする．上置層がコンクリートまたはアスファルトコンクリートの場合には，上記の距離に上置層の厚さを加えるものとする．ただし，上置層の材料が軟らかいものである場合には，上置層の厚さとしてその3/4を用いる（図9.9）．

（3） 作用断面力に対する検討

1) 曲げモーメントに対する検討は，単位幅当たりのはりとして直交二方向について行い，せん断力の検討ははりに準じて行う．集中荷重が作用する場合には，面部材としての押抜きせん断に対する検討を行う．

2) 一方向スラブの有効幅

集中荷重を受ける単純支持の一方向スラブの単位幅当たりの最大曲げモーメントは，スラブの全スパンにわたり，次式に示す有効幅 b_e をもつはりとして求める．

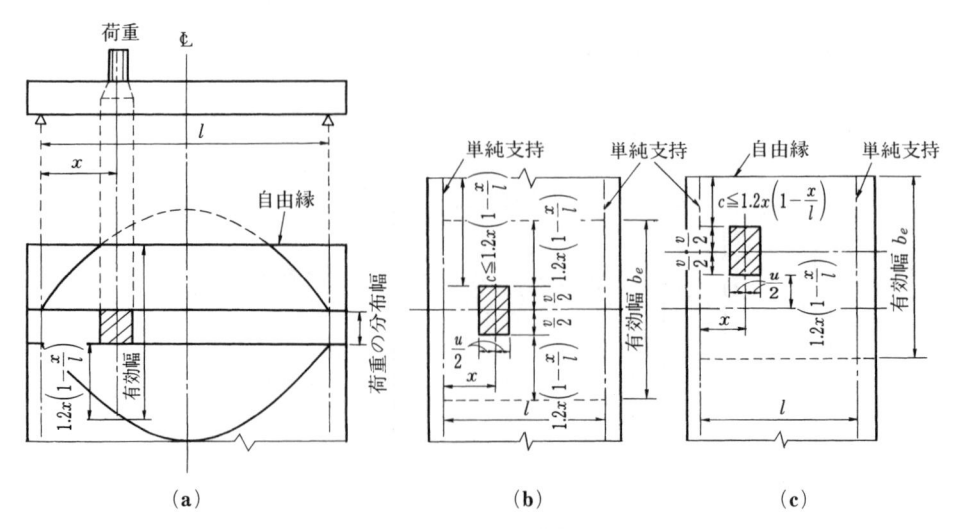

図9.10 一方向スラブの有効幅

ⅰ) $c \geqq 1.2x(1-x/l)$ の場合（図 9.10(b)）

$$b_e = v + 2.4x\left(1 - \frac{x}{l}\right) \tag{9.4}$$

ⅱ) $c < 1.2x(1-x/l)$ の場合（図 9.10(c)）

$$b_e = c + v + 1.2\left(1 + \frac{x}{l}\right) \tag{9.5}$$

ここに，c：集中荷重の分布幅の端からスラブ自由縁までの距離，x：集中荷重作用点から最も近い支点までの距離，l：スラブのスパン，u, v：荷重の分布幅．

3) 二方向スラブ

二方向スラブの短スパンと長スパンとの比（l_x/l_y）が 0.4 以下で，等分布荷重を受ける場合，荷重を短スパン方向だけで受けるものと仮定し，一方向スラブに近似して断面力を求めてよい．短スパンと長スパンとの比が 0.4 を超える場合は，薄板理論によるか，一般に認められている近似解法を用いて断面力を求める．

4) 片持ちスラブ

部分分布荷重を受ける片持ちスラブは，有効幅を次式によって定め，単位幅当たりの曲げモーメントを求める．

ⅰ) 荷重が中間にある場合（図 9.11(a)）

$$b_e = v + 2x \tag{9.6}$$

ⅱ) 荷重が縁端にある場合（図 9.11(b)）

$$b_e = v + x \tag{9.7}$$

ここに，x：支持辺と載荷点の距離，v：荷重の分布幅．

等分布荷重を受ける片持ちスラブは，これを片持ちばりと考えて，スパン方向の曲げモーメントを求めてよい．

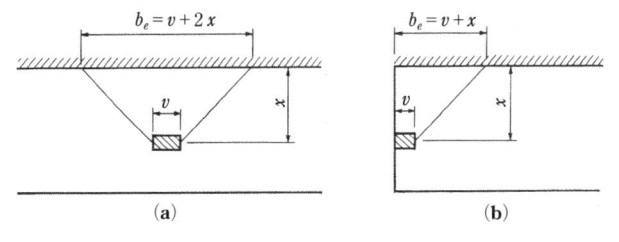

図 9.11 片持ちスラブの有効幅

(4) 配　　　筋

1) スラブの正鉄筋および負鉄筋の中心間隔は，最大曲げモーメントの生じる断面でスラブ厚さの 2 倍以下，300 mm 以下とする．その他の断面でも，それぞれ 3 倍以下，400 mm 以下とする．

2) 一方向スラブ

等分布荷重を受ける単純支持の一方向スラブの配力鉄筋は，一般にスラブの長さ 1 m 当たり，スラブ幅 1 m 当たりの引張鉄筋断面積の 1/6 以上とする．

集中荷重を受ける一方向スラブの配力鉄筋は，集中荷重に対して必要なスラブ幅 1 m 当たりの引張主鉄筋断面積の a 倍としなければならない．a は次による．

ⅰ) スラブ中央付近載荷

下側配力鉄筋　　$a = \left(1 - 0.25 \times \dfrac{l}{b}\right)\left(1 - 0.8 \times \dfrac{v}{b}\right)$ 　　　　(9.8)

ただし，$l/b > 2.5$ の場合には，$l/b = 2.5$ のときの a の値を用いる．

ⅱ) スラブ縁端付近片側載荷

上側配力鉄筋　　$a = \left(1 - 2 \times \dfrac{v}{b}\right) \Big/ 8$ 　　　　(9.9)

ここに，l：スラブのスパン，b：スラブの幅，v：載荷の分布幅．

等分布荷重および集中荷重が同時に作用する場合，それぞれの場合の配筋量の合計値とする．

3) 二方向スラブ

二方向スラブの短スパンと長スパンとの比（l_x/l_y）が 0.4 以下で，等分布荷重を受ける場合，短スパン方向の全幅を有効として配筋を設定した場合，長スパン方向の配力鉄筋は以下によって配置する．

短辺の長さ 1 m 当たり，短スパン方向の主鉄筋のスラブ幅 1 m 当たりの断面積の 1/4 以上とする．この場合，連続スラブまたは固定スラブでは，短辺の長さ 1 m 当たり，短スパン方向の負鉄筋のスラブ幅 1 m 当たりの断面積の 1/2 以上を，短辺の上側にこれと直角に配置する．この鉄筋は，支承の前面から短辺の長さの 1/3 以上延ばす．

壁またははりと単体的につくられていない場合や，スラブが支点を越えて連続していない場合には，図 9.12 に示すように，スラブの隅角部の上下両側に用心

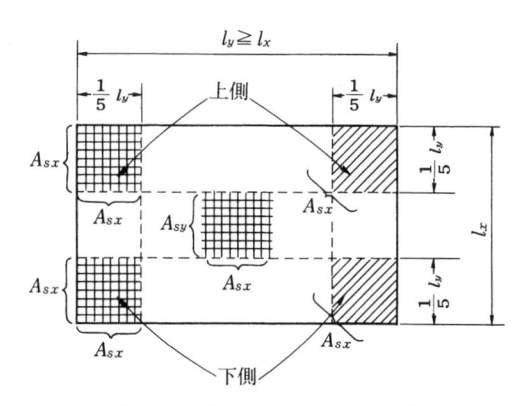

図9.12 二方向スラブの隅の用心鉄筋

鉄筋を配置する．

　用心鉄筋は隅角部から両方向に長スパンの1/5の区間にわたって配置する．用心鉄筋は，スラブの上側では対角線に平行に配置し，下側では対角線に直角に配置するか，スラブの両辺に平行な二方向に配置する．各方向の幅1m当たりの鉄筋断面積は，スラブ中央部における幅1m当たりの，短スパン方向の正鉄筋の断面積と等しくする．

第10章 一般構造細目

10.1 一　般

1)　鉄筋コンクリート構造物の設計にあたっては，作用荷重に十分に抵抗する安全な断面となるようにするほか，構造物が所要の耐久性を確保し確実な施工ができるよう，かぶり，鉄筋の配置などの構造細目を満足しなければならない．

2)　本章では，土木学会示方書・設計編本編に規定されている鉄筋コンクリート構造物全般に対する一般的な構造細目について述べる．

3)　一般的な構造細目のほか，土木学会示方書・設計編標準では，はり，柱，ラーメン，アーチ，面部材（スラブ）などの部材ごとに，特有の留意すべき構造細目もあるので，このような場合には一般構造細目よりも優先して遵守する必要がある．

4)　土木学会示方書・設計編標準では，配筋の詳細についても規定している．

10.2　鉄筋のかぶり

1)　鉄筋のかぶりは，部材断面の最も外側にある鉄筋の表面とコンクリート表面との間の最小距離である（図10.1(a)）．鉄筋のかぶりは
① コンクリート中の鉄筋が十分な付着強度を発揮する
② 鉄筋の腐食を抑制する
③ 火災に対して鉄筋を保護する
などの機能を発揮する．したがって，コンクリートの品質，鉄筋の直径，構造物の環境条件，コンクリート表面に作用する有害な物質の影響，部材の寸法，施工

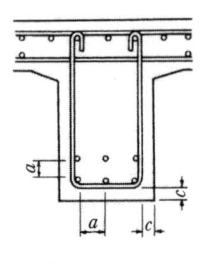

(a) 通常の鉄筋の場合

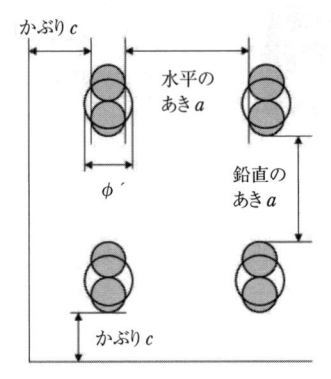

(b) 束ねた鉄筋の場合

かぶり c：鉄筋直径 ϕ'，耐久性を満足するかぶりのいずれか大きいほうに施工誤差を加えた値以上
水平のあき a：20 mm 以上，粗骨材の最大寸法 4/3 以上，鉄筋直径 ϕ' 以上
鉛直のあき a：20 mm 以上，鉄筋直径 ϕ' 以上
ϕ'：束ねた鉄筋の断面積の和に等しい断面積をもつ1本の鉄筋の直径

図 10.1　鉄筋のあきおよびかぶり

誤差，構造物の重要度を考慮し，かぶりの大きさを定める．

2)　コンクリート構造物の耐久性とかぶりとの関係については，6.2 で説明したように，塩化物イオンの拡散による塩化物イオン濃度および炭酸ガスの拡散に伴う中性化が，設計耐用期間中に鉄筋位置まで至らないよう，かぶりの大きさを定めなければならない．

3)　かぶりの設計値を算定する際には，耐久性を満足するかぶりまたは鉄筋直径のいずれか大きいほうの値に，鉄筋組立の施工誤差を考慮したものを最小値とする（図 6.1 参照）．ただし，束ねた鉄筋の鉄筋直径 ϕ' は，図 10.1(b) に示すように，束ねた鉄筋の断面積の和に等しい断面積をもつ1本の鉄筋の直径とする．

4)　一般的な環境における鉄筋コンクリート構造物の部材ごとに，標準的な耐久性を満足する最小かぶりと最大の水セメント比が，土木学会示方書・設計編標準に規定されている（表 6.2 参照）．

5)　フーチングおよび構造物の重要な部材で，コンクリートが地中に直接打ち込まれる場合のかぶりは，75 mm 以上とするのがよい．

6)　水中で施工する鉄筋コンクリートで，水中不分離性コンクリートを用いな

い場合のかぶりは，100 mm 以上とするのがよい．場所打ち杭等の場合には，地山の凹凸や施工性を考慮して，かぶりを 150 mm 程度とするのがよい．

7) すりへり作用を受けるスラブ上面のような場合で，有効な保護層を設けないときは，かぶりを普通の場合よりも 10 mm 以上大きくし，耐力計算上必要な断面より厚くしておくのがよい．

8) コンクリート構造物の耐火性は，コンクリート自体の耐火性と鉄筋を熱から保護するかぶりの大きさに依存する．耐火性を考慮する必要のある構造物のかぶりは，一般の環境に対して満足するかぶりの値（表 6.2）に 20 mm 程度を加えた値とする．

10.3 鉄筋のあき

1) 鉄筋のあきは，部材の種類および寸法，粗骨材の最大寸法，鉄筋の直径，コンクリートの施工性等を考慮し，コンクリートが鉄筋の周囲にゆきわたり，鉄筋が十分な付着強度を発揮できる寸法を確保する（図 10.1）．

2) はりの軸方向鉄筋の水平あきは 20 mm 以上で，粗骨材の最大寸法の 4/3 倍以上，鉄筋の直径以上とする．また，コンクリートの締固めに用いる内部振動機を挿入できるよう，水平あきを確保する．

3) 二段以上に軸方向鉄筋を配置する場合には，一般にその鉛直のあきは 20 mm 以上，鉄筋直径以上とする．

4) 柱の軸方向鉄筋のあきは 40 mm 以上，粗骨材の最大寸法の 4/3 倍以上，鉄筋直径の 1.5 倍以上とする．

5) 直径 32 mm 以下の異形鉄筋を用いる場合で，複雑な鉄筋の配置により十分な締固めが行えない場合は，はりおよびスラブ等の水平の軸方向鉄筋は 2 本ずつを上下に束ね，柱および壁等の鉛直方向鉄筋は 2 本または 3 本ずつを束ねて配置してよい（図 10.2）．

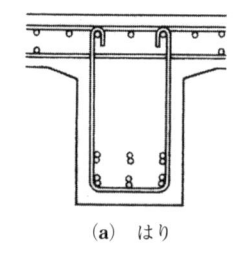

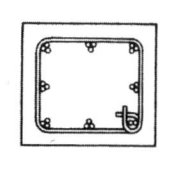

(a) はり　　(b) 柱

図 10.2 束ねて配置する鉄筋

10.4 鉄筋の配置

(1) 軸方向鉄筋の最大,最小鉄筋比

1) 軸方向力の影響が支配的な鉄筋コンクリート部材の軸方向鉄筋量は,計算上必要なコンクリート面積の 0.8% 以上,6% 以下を配置する (5.3(2)b. 参照).なお,特に柱は,直径 13 mm 以上の軸方向鉄筋を帯鉄筋柱の場合 4 本以上,らせん鉄筋柱の場合 6 本以上配置する.これは,軸方向鉄筋をまっすぐに組み立て,また鉄筋の組立を容易にするためである.

2) 鉄筋コンクリート部材のぜい性的な破壊を抑制するため,曲げモーメントが支配的な棒部材の引張鉄筋比は 0.2% 以上,釣合鉄筋比の 75% 以下を原則とする.一般には,軸方向引張鉄筋をコンクリートの有効断面積の 0.3% 以上配置する.コンクリートの有効断面積は,断面の有効高さ d に腹部の幅 b_w を乗じたものである (5.3(1)c. 参照).

3) 鉄筋コンクリート部材の曲げによるぜい性的な破壊を抑制するためには,ひび割れ発生時のモーメントが軸方向鉄筋降伏時のモーメントを超えないようにする.この限界の最小鉄筋比は式(10.1)で求めてよい.

$$p_{\min} = 0.058 \left(\frac{h}{d}\right)^2 \frac{f_c'^{2/3}}{f_{sy}} \tag{10.1}$$

4) 鉄筋コンクリート部材には,ひび割れを制御するために必要な鉄筋のほか,必要に応じて温度変化,収縮等によるひび割れに対する用心鉄筋を配置する.用心鉄筋は,直径の小さなものを,できるだけ小間隔に配置するのがよい.

5) 軸方向鉄筋およびこれに直交する横方向鉄筋は,原則として 300 mm 以下に配置する.

(2) 横方向鉄筋

1) 棒部材には,$A_{w\min}/(b_w \cdot s)$ が 0.15% 以上のスターラップを部材全長にわたって配置し,その間隔は有効高さの 3/4 倍以下,かつ 400 mm 以下とする.ここに,$A_{w\min}$:最小鉛直スターラップ量,b_w:腹部幅,s:スターラップの配置間隔.

2) 棒部材において,計算上せん断補強鉄筋が必要な場合,せん断補強を必要

とする区間の外側に有効高さを加えた範囲に対して，斜めひび割れがスターラップと確実に交差するよう，有効高さの1/2倍以下，かつ300 mm 以下で計算上必要な量のスターラップを配置する．

3) 柱の帯鉄筋は，軸方向力による軸方向鉄筋の座屈を生じることがないように細かく細目が規定されている（図5.7）．

10.5 鉄筋の定着と曲げ形状

（1） 一　　般

1) コンクリート中の鉄筋が，引張力に十分に抵抗するためには，その端部がコンクリートから抜け出さないよう，確実に定着されていなければならない．そのため，鉄筋端部にフック等を設けることが多く，その曲げ加工にあたっては，鉄筋の材質を損なうことがないよう常温で行うのが原則である．

2) 鉄筋端部の定着方法は，次の3方法のいずれかとする．

① 鉄筋とコンクリートとの付着力で定着する．

② 標準フックをつけて定着する．

③ 定着具により機械的に定着する．

（2） 標準フック

1) 標準フックとしては，半円形フック（普通丸鋼および異形鉄筋），鋭角フック（異形鉄筋），直角フック（異形鉄筋）がある．普通丸鋼のフックは，必ず半円形フックとする．

2) それぞれのフックの曲げ形状を図10.3に示す．半円形フックは180°に折り曲げ，鉄筋直径の4倍以上で60 mm 以上まっすぐに延ばす．鋭角フックは135°に折り曲げ，鉄筋直径の6倍以上で60 mm 以上まっすぐに延ばす．直角フックは90°に折り曲げ，鉄筋直径の12倍以上まっすぐに延ばす．

3) 軸方向鉄筋の標準フックの曲げ内半径は，鉄筋の強さが大きいほど，鉄筋直径が大きいほど，大きくする．スターラップおよび帯鉄筋のフックの曲げ内半径は，表10.1に示す値以上とする．ただし，$\phi \leq 10$ mm のスターラップは 1.5ϕ としてよい．このような鉄筋の曲げ内半径は，コンクリートに大きな支圧力を加

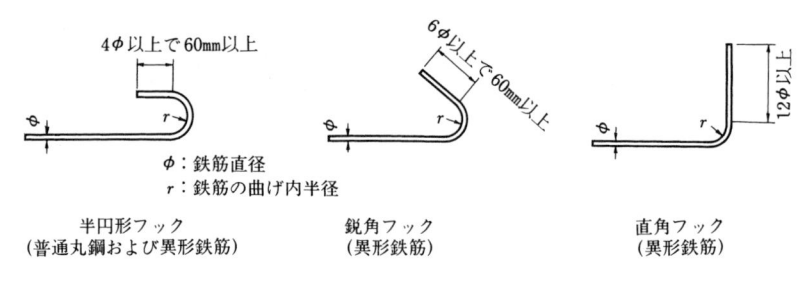

図 10.3 鉄筋端部のフックの形状

半円形フック
（普通丸鋼および異形鉄筋）

鋭角フック
（異形鉄筋）

直角フック
（異形鉄筋）

ϕ：鉄筋直径
r：鉄筋の曲げ内半径

表 10.1 フックの曲げ内半径（土木学会示方書）

種類		曲げ内半径 r	
		軸方向鉄筋	スターラップ および帯鉄筋
普通丸鋼	SR235	2.0 ϕ	1.0 ϕ
	SR295	2.5 ϕ	2.0 ϕ
異形棒鋼	SD295 A,B	2.5 ϕ	2.0 ϕ
	SD345	2.5 ϕ	2.0 ϕ
	SD390	3.0 ϕ	2.5 ϕ
	SD490	3.5 ϕ	3.0 ϕ

（注）ϕは鉄筋直径を示す．

えないことを考慮したものである．

4) 帯鉄筋は，取り囲んだ内部のコンクリートを拘束し，また軸方向鉄筋の座屈防止の効果を発揮するので，帯鉄筋自体の定着を確実に行うことが重要である．

5) スターラップおよび帯鉄筋の端部には標準フックを設け，軸方向鉄筋を取り囲み，圧縮側のコンクリートに定着する．異形鉄筋を用いたスターラップの端部は，直角フックまたは鋭角フックとする．異形鉄筋を用いた帯鉄筋の端部は，半円形フックまたは鋭角フックとする．

（3） 鉄筋の定着長

1) 鉄筋の定着長は，鉄筋の種類，コンクリートの強度，かぶり，横方向鉄筋の配置などによって変化する．基本定着長は，鉄筋をまっすぐにコンクリート中に埋め込んで定着する場合に必要とする長さであり，鉄筋の定着に伴うコンクリートの割裂の影響を考慮した式(10.2)で求める．ただし，基本定着長 l_d は 20ϕ

以上とする．

$$l_d = \alpha \frac{f_{yd}}{4 f_{bod}} \phi \tag{10.2}$$

ただし，　　$\alpha = 1.0$ （　　　$k_c \leq 1.0$ の場合）
　　　　　　　$= 0.9$ （$1.0 < k_c \leq 1.5$ の場合）
　　　　　　　$= 0.8$ （$1.5 < k_c \leq 2.0$ の場合）
　　　　　　　$= 0.7$ （$2.0 < k_c \leq 2.5$ の場合）
　　　　　　　$= 0.6$ （$2.5 < k_c$ 　　　の場合）

$$k_c = \frac{c}{\phi} + \frac{15 A_t}{s\phi}$$

ここに，ϕ：鉄筋の直径，f_{yd}：鉄筋の設計引張降伏強度，f_{bod}：コンクリートの設計付着強度で，γ_c は 1.3 として式(2.4)から求める．ただし，$f_{bod} \leq 3.2 \, \text{N/mm}^2$ とする．c：鉄筋の下側のかぶりの値と定着する鉄筋のあきの半分の値のうち小さいほうの値，A_t：仮定される割裂破壊断面に垂直な横方向鉄筋の断面積，s：横方向鉄筋の中心間隔．

2) 引張鉄筋の基本定着長 l_d は，式(10.2)による算定値とするが，標準フックを設ける場合には，フックの内側のコンクリートの支圧による抵抗を期待できるので，この算定値から 10ϕ だけ減じてよい．

3) 圧縮鉄筋の基本定着長 l_d は，式(10.2)による算定値の 0.8 倍とするが，標準フックを設ける場合でも，この算定値を減じてはならない．

（4）　軸方向鉄筋の定着

1) スラブまたははりの正鉄筋は，少なくとも 1/3 は曲げ上げないで支点を越えて定着しなければならない．

2) スラブまたははりの負鉄筋は，少なくとも 1/3 は反曲点を越えて延長し，圧縮側で定着するか，次の負鉄筋と連続させなければならない．

3) 折曲鉄筋は，その延長を正鉄筋または負鉄筋として用いる．また，折曲鉄筋端部を，はりの上面または下面にかぶりを確保して水平に延長し，圧縮側のコンクリートに定着する．

（5） 横方向鉄筋の定着

1)　スターラップは，正または負鉄筋を取り囲み，端部は圧縮側コンクリートに定着する．

2)　帯鉄筋の端部は，軸方向鉄筋を取り囲んだ半円形フックまたは鋭角フックとして定着する（図10.4）．

3)　らせん鉄筋は，一巻き半余分に巻き付けてらせん鉄筋で取り囲まれたコンクリート中に定着する．

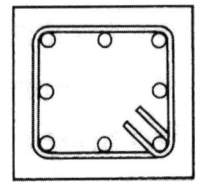

図10.4　帯鉄筋の端部の定着

（6） 折曲鉄筋，その他

1)　折曲鉄筋の曲げ内半径は，鉄筋直径の5倍以上としなければならない（図10.5）．ただし，コンクリートの側面から$2\phi+20\,\mathrm{mm}$以内の距離にある鉄筋を折曲鉄筋として用いる場合には，その曲げ内半径を鉄筋直径の7.5倍以上としなければならない．

2)　ラーメン構造の隅角部の外側に沿う鉄筋の曲げ内半径は，鉄筋直径の10倍以上としなければならない．

3)　ハンチ，ラーメンの隅角部等の内側に沿う鉄筋は，独立の直線の鉄筋を配置する（図10.6）．スラブまたははりの引張りを受ける鉄筋を曲げて沿わせると，ハンチ部分のコンクリートが剥落するおそれがある．

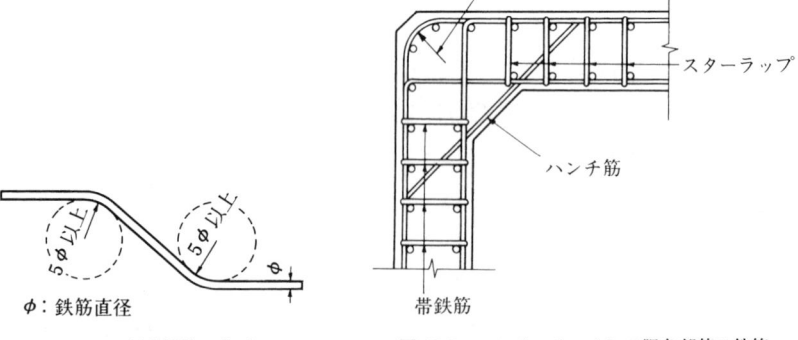

図10.5　折曲鉄筋の曲げ

図10.6　ハンチ，ラーメンの隅角部等の鉄筋

10.6 鉄筋の継手

(1) 一 般
1) 鉄筋の継手は，構造部材の弱点となりやすいので，鉄筋の種類，直径，応力状態，継手位置などに応じて適切に選定する．

2) 鉄筋の継手には，重ね継手，ガス圧接継手，ねじ継手，スリーブ継手，フレア溶接継手などがあり，土木学会で『鉄筋定着・継手指針（2007年版）』が制定されている．

3) 継手は，応力の大きい断面をできるだけ避け，同一断面に設ける継手の数は2本の鉄筋につき1本以下とし，継手を同一断面に集めないようにする．継手位置を軸方向にずらす距離は，継手の長さに鉄筋直径の25倍を加えた長さ以上とする．

4) 継手部と隣接する鉄筋とのあきは，粗骨材の最大寸法以上とする．また，継手部のかぶりは，耐久性等から定まる所要のかぶりを満足しなければならない．

(2) 軸方向鉄筋の重ね継手
1) 重ね継手は，切断された鉄筋を重ねるだけで施工の容易な方法であるが，継手部分のコンクリートの充填が不十分であったり，分離したりしていると，継手の強度が低下しやすいので，入念な締固めが行われていなければならない．

2) 継手部分の鉄筋応力の伝達は，まわりのコンクリートの付着応力による．重ね継手部分の応力伝達機構は鉄筋の定着部に似ているので，重ね合せ長さは式(10.2)に示した基本定着長 l_d 以上，かつ鉄筋直径の20倍以上とする．ただし，配置する鉄筋量が計算上必要な鉄筋量の2倍以上で，同一断面における継手の割合が1/2以下となっていなければならない．

3) 上記2)の条件のうち一方が満足されない場合には，重ね合せ長さは基本定着長 l_d の1.3倍以上とする．2)の条件の両方が満足されない場合には，重ね合せ長さは基本定着長 l_d の1.7倍以上とする．いずれの場合にも，継手部を横方向鉄筋で補強しなければならない．

4) 重ね継手部の帯鉄筋の間隔は，継手部のコンクリートを補強するため

100 mm 以下とする．

5) 水中コンクリート構造物の重ね合せ長さは，泥水の影響で付着強度が低下する場合があるので，鉄筋直径の 40 倍以上とする．

（3） 横方向鉄筋の継手

1) スターラップを配置した箇所には，これに沿ってひび割れを生じることがあり，鉄筋とコンクリートとの付着強度の信頼性が劣りやすい．したがって，スターラップには重ね継手を原則として使用してはならない．

2) 耐震性能の照査においては，軸方向鉄筋が降伏することを前提としている．したがって，軸方向鉄筋を取り囲む閉合スターラップ，帯鉄筋またはらせん鉄筋を用い，これに継手を設ける必要がある場合，大変形時にかぶりが剥落しても帯鉄筋等の横方向鉄筋の全強を伝達できるようにする．これを満足する継手としては，フレア溶接（図 10.7）あるいはスリーブなどを用いる機械継手がある．

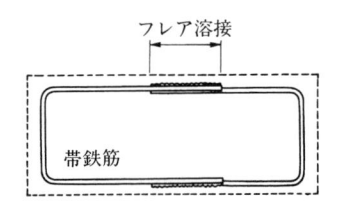

図 10.7 フレア溶接による帯鉄筋の継手

3) 継手が内部コンクリート中にある場合には，帯鉄筋の端部を標準フックとした重ね継手とするのもよい（図 10.8）．

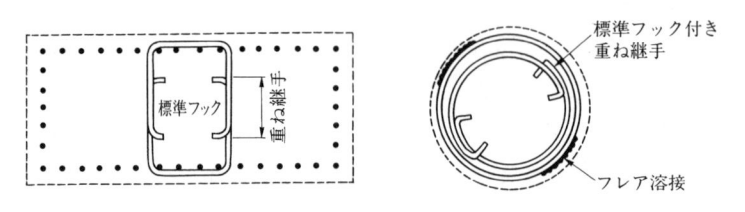

図 10.8 帯鉄筋の重ね継手

10.7 用心鉄筋および補強のための鉄筋配置

（1） 一　　般
1)　構造物の部位によっては，コンクリートの乾燥収縮や温度変化などにより，計算が困難な応力の発生によってひび割れを生じる場合がある．このような箇所には，あらかじめ用心鉄筋を配置し，ひび割れが重大な欠陥にならないようにすることが重要である．

2)　コンクリート部材のかどは，凍害による損傷を受けやすく，また物がぶつかって角欠けを生じやすいので，面取りをつけるのがよい．

（2） 露出面の用心鉄筋
広い露出面を有するコンクリート表面は，収縮や温度変化などによってひび割れを生じやすいので，かぶりの規定を満足する範囲で，露出面近くに細い鉄筋を 300 mm 程度以下の小間隔に用心鉄筋として配置し，ひび割れの悪影響を生じないようにする．

（3） 集中反力を受ける部分の補強
連続スラブ，連続ばりの中間支点，柱とフーチングとの接合部等のように，集中反力が作用する部分など過大な応力集中が発生する箇所には，その影響を考えて補強する．

（4） 開口部周辺の補強
スラブ，壁などの開口部周辺は，応力集中によってひび割れを生じやすいので，図 10.9 に示すように，補強のための鉄筋を配置する．

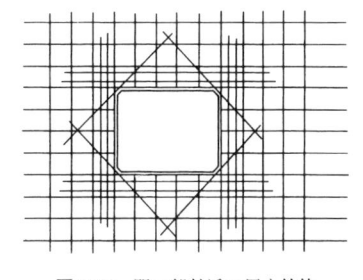

図 10.9　開口部付近の用心鉄筋

演習問題

第1章 鉄筋コンクリート設計法

演習問題

次の記述のうち，正しいものに○印，誤っているものに×印をつけよ．
(1) コンクリートと鉄筋の熱膨張係数はほぼ等しいので，温度変化によって鉄筋コンクリート部材内でコンクリートと鉄筋との間にずれ応力はほとんど生じない．
(2) コンクリートはセメント水和物によって強いアルカリ性を呈するから，鉄筋コンクリート部材内の鉄筋は永久に錆びない．
(3) 普通丸鋼とコンクリートの付着強度があまり大きくないのに，鉄筋コンクリートが一体構造として成り立つのは，鉄筋コンクリート部材内に生じる付着応力は一般に小さく，また鉄筋端の定着部には大きい引抜力が作用するが，これに対してはフックをつけて抵抗させるからである．
(4) 鉄筋コンクリート設計法の歴史の主要な流れは，許容応力度設計法に始まり，終局強度設計法を経て，限界状態設計法に至る変遷である．
(5) 鉄筋コンクリート曲げ部材における圧縮側コンクリートの応力は，荷重の小さい段階から破壊に至るまで三角形分布である．
(6) 許容応力度設計法は，作用荷重（設計荷重）によってコンクリートおよび鉄筋に生じる応力度を弾性理論によって計算し，その値が材料強度を安全率で除して求めた許容応力度より小さいことを確かめるものであるから，この設計法によって自動的に破壊安全度も評価することができる．
(7) 終局強度設計法は，作用荷重に荷重係数を乗じて求めた荷重の設計値による断面力を計算し，この値が材料の塑性を考慮して求めた鉄筋コンクリート断面の耐力より小さいことを確かめるものである．
(8) 土木学会示方書に示されている限界状態設計法の特徴は，①種々の限界状態に対して安全性を検討すること，②安全率を細分化し，荷重，材料強度，計算方法，施工誤差等に対し部分安全率を設けていること，である．
(9) 性能照査は，設計対象構造物が想定する設計耐用期間中に要求性能を満足しなくなる限界状態に対して照査指標を設定し，一般に限界状態設計法を用いて計算する．

(10) 構造物の設計に対する性能照査を行うためには，構造物に求められる機能が記述的に示されておれば十分である．

第2章 材料の特性と設計値

演習問題

次の記述のうち，正しいものに○印，誤っているものに×印をつけよ．
(1) 限界状態設計法におけるコンクリートの圧縮強度の特性値として設計基準強度をそのまま用いてよいが，レディーミクストコンクリートの場合は配合強度を定めるための割増し係数が大幅に相違するので，呼び強度をそのまま用いてはならない．
(2) コンクリート強度の設計値として，許容応力度設計法の場合は設計基準強度を安全率で除して求めた許容応力度を，終局強度設計法の場合は設計基準強度を，限界状態設計法の場合は強度特性値を材料係数で除して求めた設計強度を用いる．
(3) コンクリートの引張軟化特性を考慮することにより，はりの曲げひび割れ強度を合理的に算定することができる．
(4) はりの圧縮側コンクリートの最大応力は，終局強度設計法の場合は設計基準強度に低減係数 $k_1 = 0.85$ を乗じた値，限界状態設計法における終局状態の検討の場合は圧縮強度の特性値を材料係数で除した値とする．
(5) 鉄筋コンクリート構造物においては，コンクリートのクリープによって一般に断面力およびコンクリートの応力度は弾性理論によって計算した値より小さくなるから，これらの安全度の計算にはクリープを考慮しないが，長期の変位，変形の計算にはクリープの影響を考慮しなければならない．
(6) 鉄筋コンクリートの熱膨張係数は，配置されている鉄筋の占める体積が一般に僅少であるので，これを無視し，コンクリートの熱膨張係数（$10 \times 10^{-6}/℃$）と同じ値としてよい．
(7) JIS G 3112「鉄筋コンクリート用棒鋼」において，SD295B，SD345，SD390 および SD490 は降伏点の上限値も規定されている．これは，この

種の鉄筋を軸方向引張鉄筋として用いることにより，曲げ破壊が必ずせん断によるぜい性破壊より先行して起こるよう配慮したものである．
(8) 鉄筋の降伏強度の特性値は，降伏強度が正規分布するとし，その値を下まわる確率が5%であるとして定めるが，この値はJIS G 3112に定めている規格下限値にほぼ等しく，やや大きいので，実用上この規格下限値を特性値として用いてよい．
(9) 鉄筋のヤング係数は高強度のものほど大であって，低強度から高強度まで全体を平均すると $200\,\mathrm{kN/mm^2}$ 程度となる．
(10) $-100℃$ よりも低温度下では，鉄筋の母材および継手の機械的性質は常温時とほとんど変わらないので，使用上特別な配慮は必要ない．

第3章 荷重とその設計値

演習問題

次の記述のうち，正しいものに○印，誤っているものに×印をつけよ．
(1) 荷重は作用する頻度，持続性および変動の程度により，永久荷重，変動荷重および偶発荷重に分類される．
(2) 偶発荷重とは，大地震や衝突，爆発などのように，構造物の設計供用期間中に起こることはまずないが，万一起こるとその影響が著しく大きい荷重をいう．
(3) 道路橋の車道部の床版または床組の設計にはT荷重を負載し，主げたの設計にはL荷重を負載する．版げた橋の場合はT荷重またはL荷重のうち，不利な応力を与える荷重を負載する．
(4) L荷重は1個の線荷重と等分布荷重からなっており，線荷重はT荷重を単純化したもの，等分布荷重は群衆荷重を表している．
(5) ラーメン，アーチ等の不静定構造物の設計では温度変化の影響を考慮する．この場合，温度変化量は月平均気温の最高値および最低値と年平均気温との差として定めるが，わが国ではこの値を $±15℃$ としてよい．

第 4 章 鉄筋コンクリート部材の力学的挙動

例題-1

図に示す単鉄筋長方形ばりが，正の曲げモーメント $M = 95$ kN·m を受けるときの，圧縮縁のコンクリートおよび引張鉄筋に生じる曲げ応力度，σ'_c および σ_s を求めよ．

ただし，コンクリートは普通コンクリートであり，設計基準強度 f'_{ck} は 24 N/mm² である．

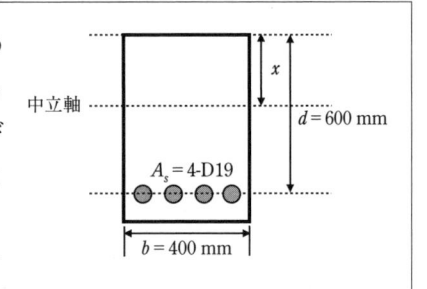

解

表 2.1 より，$E_c = 25$ kN/mm²

ヤング係数比 n は，鉄筋のヤング係数 E_s が 200 kN/mm²

$$n = \frac{E_s}{E_c} = \frac{200}{25} = 8$$

鉄筋量 A_s は，D19 の公称断面積が 286.5 mm²

$$A_s = 4 \times 286.5 = 1\,146 \ (\text{mm}^2)$$

$$x = \frac{nA_s}{b}\left(-1 + \sqrt{1 + \frac{2bd}{nA_s}}\right)$$

$$= \frac{8 \times 1\,146}{400} \times \left(-1 + \sqrt{1 + \frac{2 \times 400 \times 600}{8 \times 1\,146}}\right)$$

$$= 144 \ (\text{mm})$$

$$\sigma'_c = \frac{2M}{bx\left(d - \dfrac{x}{3}\right)} = \frac{2 \times 95 \times 10^3 \times 10^3}{400 \times 144 \times \left(600 - \dfrac{144}{3}\right)}$$

$$= 6.0 \ (\text{N/mm}^2)$$

$$\sigma_s = \frac{M}{A_s\left(d - \dfrac{x}{3}\right)} = \frac{95 \times 10^6}{1\,146 \times \left(600 - \dfrac{144}{3}\right)}$$

$$= 150.2 \ (\text{N/mm}^2)$$

別法

$$I_i = \frac{bx^3}{3} + nA_s(d-x)^2$$

$$= \frac{400 \times 144^3}{3} + 8 \times 1\,146 \times (600-144)^2 = 2\,304.5 \times 10^6 \ (\text{mm}^4)$$

$$\sigma'_c = \frac{M}{I_i}x = \frac{95 \times 10^6}{2\,304.5 \times 10^6} \times 144 = 5.9 \ (\text{N/mm}^2)$$

$$\sigma_s = \frac{nM}{I_i}(d-x) = \frac{8 \times 95 \times 10^6}{2\,304.5 \times 10^6} \times (600-400) = 150.4 \ (\text{N/mm}^2)$$

例題-2

図に示す複鉄筋長方形ばりが，正の曲げモーメント $M = 95 \ \text{kN} \cdot \text{m}$ を受けるときの，曲げ応力度 σ'_c，σ'_s および σ_s を求めよ．

ただし，コンクリートは普通コンクリートであり，設計基準強度 f'_{ck} は $24 \ \text{N/mm}^2$ である．

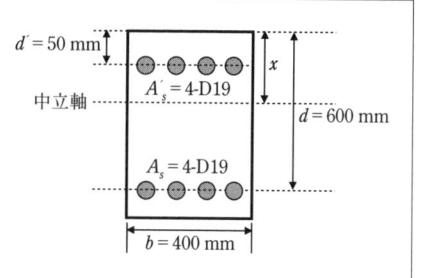

解

表 2.1 より，$E_c = 25 \ \text{kN/mm}^2$

ヤング係数比 n は，鉄筋のヤング係数 E_s が $200 \ \text{kN/mm}^2$

$$n = \frac{E_s}{E_c} = \frac{200}{25} = 8$$

圧縮鉄筋量 A'_s および引張鉄筋量 A_s は，D19 の公称断面積が 286.5mm^2

$$A'_s = A_s = 4 \times 286.5 = 1\,146 \ (\text{mm}^2)$$

$$\int_0^x y \cdot dA'_c + nA'_s(x-d') - nA_s(d-x) = 0$$

$$\frac{bx^2}{2} + nA'_s(x-d') - nA_s(d-x) = 0$$

$$bx^2 + 2n(A'_s + A_s)x - 2n(A'_s d' + A_s d) = 0$$

これより，中立軸位置 x は

$$x = \frac{-n(A'_s + A_s) + \sqrt{\{n(A'_s + A_s)\}^2 - b\{-2n(A'_s d + A_s d)\}}}{b} = 133 \,(\text{mm})$$

$$I_i = \int_0^x y^2 \cdot dA'_c + nA'_s(x-d')^2 + nA_s(d-x)^2$$

$$= \frac{bx^3}{3} + nA'_s(x-d')^2 + nA_s(d-x)^2$$

$$= \frac{400 \times 133^3}{3} + 8 \times 1\,146 \times (133-50)^2 + 8 \times 1\,146 \times (600-133)^2$$

$$= 2\,376.3 \times 10^6 \,(\text{mm}^4)$$

$$\sigma'_c = \frac{M}{I_i}x = \frac{95 \times 10^6}{2\,376.3 \times 10^6} \times 133 = 5.3 \,(\text{N/mm}^2)$$

$$\sigma'_s = \frac{nM}{I_i}(x-d') = \frac{8 \times 95 \times 10^6}{2\,376.3 \times 10^6} \times (133-50) = 26.5 \,(\text{N/mm}^2)$$

$$\sigma_s = \frac{nM}{I_i}(d-x) = \frac{8 \times 95 \times 10^6}{2\,376.3 \times 10^6} \times (600-133) = 149.4 \,(\text{N/mm}^2)$$

例題-3

図に示す単鉄筋T形ばりが，曲げモーメント $M = 240\,\text{kN}\cdot\text{m}$ を受けるとき，曲げ応力度 σ'_c および σ_s を求めよ．

ただし，コンクリートは普通コンクリートであり，設計基準強度 f'_{ck} は $24\,\text{N/mm}^2$ である．

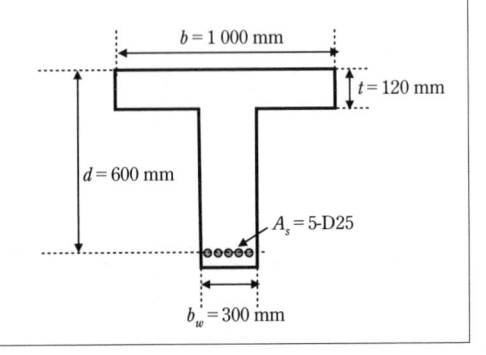

$b = 1\,000\,\text{mm}$
$t = 120\,\text{mm}$
$d = 600\,\text{mm}$
$A_s = 5\text{-D25}$
$b_w = 300\,\text{mm}$

解

表 2.1 より, $E_c = 25 \text{ kN/mm}^2$

ヤング係数比 n は, 鉄筋のヤング係数 E_s が 200 kN/mm^2

$$n = \frac{E_s}{E_c} = \frac{200}{25} = 8$$

引張鉄筋量 A_s は, D25 の公称断面積が 506.7 mm^2

$$A_s = 5 \times 506.7 = 2\,533.5 \text{ (mm}^2\text{)}$$

中立軸位置 x は

$$x = \frac{1}{b_w}\left[-\{(b-b_w)t + nA_s\} + \sqrt{\{(b-b_w)t + nA_s\}^2 + b_w\{(b-b_w)t^2 + 2nA_sd\}}\right]$$

$$= 137.7 \text{ (mm)}$$

$x > t$ なので, T 形断面で計算する.

$$I_i = \frac{bx^3}{3} - \frac{(b-b_w)(x-t)^3}{3} + nA_s(d-x)^2 = 5\,200.7 \times 10^6 \text{ (mm}^4\text{)}$$

$$\sigma'_c = \frac{M}{I_i}x = 6.4 \text{ (N/mm}^2\text{)}$$

$$\sigma_s = \frac{nM}{I_i}(d-x) = 170.7 \text{ (N/mm}^2\text{)}$$

例題-4

$b = 400 \text{ mm}$, $d = 600 \text{ mm}$, 引張鉄筋 4-D19 の単鉄筋長方形断面にせん断力 $V = 150 \text{ kN}$ が作用するとき

1. 中立軸と上縁の中央位置 $v = x/2$ および中立軸位置 $v = 0$ におけるせん断応力度を求めよ.
2. 付着応力度を求めよ.

解

1. $$p = \frac{A_s}{bd} = \frac{1\,146}{400 \times 600} = 0.0048$$

式(4.28)および式(4.33)より, $k = 0.314$, $j = 0.895$

$$x = kd = 188.4 \text{ mm}$$

中立軸と上縁の中央位置　$\tau_{x/2} = \dfrac{V[x^2-(x/2)^2]}{bx^2(d-x/3)} = 0.52\ \text{N/mm}^2$

中立軸位置　$\tau_x = \dfrac{V}{bjd} = 0.70\ \text{N/mm}^2$

2.　$\tau_0 = \dfrac{V}{Ujd} = 1.16\ \text{N/mm}^2$

演習問題

1. 次の記述のうち，正しいものに○印，誤っているものに×印をつけよ．
   (1) コンクリートのヤング係数に対する鉄筋のヤング係数の比が n であるとき，同じ位置にあるコンクリートと鉄筋のひずみが等しい場合，鉄筋の応力はコンクリートの値の n 倍である．
   (2) 鉄筋コンクリートの断面は，鉄筋の面積を n 倍した面積とコンクリートの面積との総和と力学的に等価である．
   (3) 軸方向圧縮荷重が，鉄筋コンクリート断面のコアの範囲外に作用すると，鉄筋コンクリート断面には圧縮応力だけを生じる．
   (4) 曲げモーメントが変化する部材においては，せん断力が同時に作用するとは限らない．
   (5) 単純支持ばりの斜めひび割れは，支点に近い側の下縁から進展する．
   (6) 鉄筋コンクリート部材に生じる斜めひび割れは，曲げによる垂直応力とせん断応力の合成による斜め引張応力が作用することによるものである．
   (7) 斜めひび割れの発生を防ぐには，斜め引張鉄筋を多量に配置すればよい．
   (8) 斜め引張鉄筋のない鉄筋コンクリート部材では，せん断力はコンクリートのみで受ける．

2. $B = 400\ \text{mm}$, $600\ \text{mm}$, 引張鉄筋 4-D19 を配置したスパン $4.66\ \text{m}$ の単鉄筋長方形断面ばりが等分布荷重（死荷重を含む）$w = 35\ \text{kN/m}$ を受けるときの鉄筋およびコンクリート上縁応力度を求めよ．ただし，$n = 8$ とする．

3. スパン $l = 8.0\ \text{m}$, $b = 400\ \text{mm}$, $d = 500\ \text{mm}$, $d' = 50\ \text{mm}$, $A_s = $ 3-D29, $A_s' = $ 3-D16 の複鉄筋長方形断面ばりに等分布荷重（死荷重を含む）$w = 37\ \text{kN/m}$ が作用するときの最大せん断応力度および最大付着応力度を求めよ．

4. $b = 1\,200$ mm, $b_w = 300$ mm, $d = 600$ mm, $t = 120$ mm, $A_s = $ 5-D25 の単鉄筋 T形断面に $V = 150$ kN のせん断力が作用したときのせん断応力度を求めよ．

第5章 安全性に関する照査

例題-1

$b = 350$ mm, $d = 500$ mm, $A_s = $ 5-D19 である単鉄筋長方形断面の①設計曲げ耐力を求めよ．また，設計曲げモーメント $M_d = 150$ kN·m であるとき，曲げ破壊に対する安全を検討せよ．次に，②コンクリートで受け持たれる（腹鉄筋以外で受け持たれる）設計せん断耐力を求めよ．ただし，コンクリートの設計基準強度 $f'_{ck} = 21$ N/mm^2，鉄筋の設計降伏強度 $f_{yd} = 300$ N/mm^2 とする．なお，材料係数は $\gamma_c = 1.3$，$\gamma_s = 1.0$，部材係数は曲げに対して $\gamma_b = 1.15$，せん断力に対して $\gamma_b = 1.30$，構造物係数 $\gamma_i = 1.1$ とする．

解

$$A_s = 5 \times 286.5 = 1.433 \times 10^3 \text{ mm}^2$$

$$p = \frac{A_s}{b_w d} = \frac{1\,433 \times 10^3}{350 \times 500} = 0.00819$$

$$f'_{cd} = \frac{f'_{ck}}{\gamma_c} = \frac{21}{1.3} = 16.2 \text{ N/mm}^2$$

釣合鉄筋比は

$$p_b = 0.68 \frac{\varepsilon'_{cu}}{\varepsilon'_{cu} + f_{yd}/E_s} \cdot \frac{f'_{cd}}{f_{yd}}$$

$$= 0.68 \times \frac{0.0035}{0.0035 + 300/(200 \times 10^3)} \times \frac{16.2}{300}$$

$$= 0.0257$$

したがって，$0.002 \leq p \leq 0.75\, p_b = 0.0192$ であり，曲げモーメントの影響が支配的な部材の引張鉄筋比の最小値および最大値の条件を満たしている．

①
$$M_u = p \cdot f_{yd} \cdot bd^2 \left(1 - 0.59 \cdot p \cdot \frac{f_{yd}}{f'_{cd}}\right)$$

$$= 0.00819 \times 300 \times 350 \times 500^3 \times \left(1 - 0.59 \times 0.00819 \times \frac{300}{16.2}\right)$$

$$= 195.7 \text{ kN·m}$$

設計曲げ耐力は，$M_{ud} = \dfrac{M_u}{\gamma_b} = \dfrac{195.7}{1.15} = 170 \text{ kN·m}$ である．

設計曲げモーメント $M_d = 150 \text{ kN·m}$

$$\therefore \gamma_i \frac{M_d}{M_{ud}} = 1.1 \times \frac{150}{170} = 0.97 < 1.0 \quad \text{OK}$$

設計曲げ耐力は，設計曲げモーメントに構造物係数を乗じた値よりも大きく，安全である．

②
$$\beta_d = \sqrt[4]{\frac{1}{d}} = \sqrt[4]{\frac{1}{0.50}} = 1.189 < 1.5$$

$$\beta_p = \sqrt[4]{100 p_w} = \sqrt[3]{100 \times 0.00819} = 0.936 < 1.5$$

$$\beta_n = 1$$

$$f_{vcd} = 0.20 \times \sqrt[3]{f'_{cd}} = 0.20 \times \sqrt[3]{16.2} = 0.506 \text{ N/mm}^2$$

$$V_{cd} = \beta_d \beta_p \beta_n \cdot f_{vcd} \cdot b_w \cdot \frac{d}{\gamma_b}$$

$$= 1.189 \times 0.936 \times 1 \times 0.506 \times 350 \times \frac{500}{1.30} = 75.8 \text{ kN}$$

コンクリート軸方向引張鉄筋などにより受け持たれる設計せん断耐力は，75.8 kN である．

例題-2

$b = 350 \text{ mm}$，$d = 500 \text{ mm}$ として，設計曲げ耐力 $M_{ud} = 170 \text{ kN·m}$ の単鉄筋長方形断面の鉄筋量を求める．ただし，コンクリートの設計基準強度 $f'_{ck} = 21 \text{ N/mm}^2$，鉄筋の設計降伏強度 $f_{yd} = 300 \text{ N/mm}^2$ とする．安全係数は $\gamma_c = 1.3$，$\gamma_b = 1.15$ とする．

解

コンクリートの設計圧縮強度　$f'_{cd} = \dfrac{21}{1.3} = 16.2 \, \text{N/mm}^2$

はりの曲げ耐力　$M_u = M_{ud} \cdot \gamma_b = 170 \times 1.15 = 195.5 \, \text{kN·m}$

$$a = f_{yd} \cdot \dfrac{A_s}{0.85 \cdot f'_{cd} \cdot b} = 300 \times \dfrac{A_s}{0.85 \times 16.2 \times 350}$$

$$M_u = f_{yd} \cdot A_s \left(d' - \dfrac{a}{2} \right)$$

$$195.5 \times 10^6 = 300 \times A_s \left(500 - \dfrac{1}{2} \times 300 \times \dfrac{A_s}{0.85 \times 16.2 \times 350} \right)$$

これより，$A_s = 1\,431 \, \text{mm}^2$ となるので，D19 を 5 本（$1\,433 \, \text{mm}^2$）配置すればよい．

鉄筋比　$p = \dfrac{1\,433}{350 \times 500} = 0.00819$

一方，釣合鉄筋比は

$$p_b = 0.68 \cdot \dfrac{\varepsilon'_{cu}}{\varepsilon'_{cu} + f_{yd}/E_s} \cdot \dfrac{f'_{cd}}{f_{yd}}$$

$$= 0.68 \times \dfrac{0.0035}{0.0035 + 300/(200 \times 10^3)} \times \dfrac{16.2}{300} = 0.0257$$

したがって，$0.002 \leq p_w \leq 0.75 \, p_b = 0.0193$ であり，曲げモーメントの影響が支配的な部材の引張鉄筋比の最小値および最大値の条件を満足している．

演習問題

(1) $b = 450 \, \text{mm}$，$b_w = 200 \, \text{mm}$，$t = 100 \, \text{mm}$，$d = 500 \, \text{mm}$，$A_s = 4\text{-D19}$ である単鉄筋 T 形断面の設計曲げ耐力を求めよ．また，設計曲げモーメントが $M_d = 140 \, \text{kN·m}$ であるとき，曲げ破壊安全度を検討せよ．ただし，コンクリートの設計基準強度 $f'_{ck} = 24.0 \, \text{N/mm}^2$，鉄筋の降伏強度 $f_{yk} = 350 \, \text{N/mm}^2$ とする．安全係数は，$\gamma_c = 1.3$，$\gamma_s = 1.0$，$\gamma_b = 1.15$，$\gamma_i = 1.15$ とする．

(2) $b = 300 \, \text{mm}$，$d = 500 \, \text{mm}$，$d' = 40 \, \text{mm}$，$A_s = 4\text{-D22}$，$A'_s = 3\text{-D19}$ である複鉄筋長方形断面の設計曲げ耐力を求めよ．ただし，呼び強度 27 のレディーミクストコンクリートを使用し，鉄筋は SD345 を用いるものとする．安

全係数は $\gamma_c = 1.3$, $\gamma_s = 1.0$, $\gamma_b = 1.15$ とする.

(3) $h = 500$ mm, $b = 400$ mm, $d = 450$ mm, $d' = 50$ mm, $A_s = 4$-D19, $A'_s = 3$-D19 の複鉄筋長方形断面に,設計軸方向力 $N_d = 500$ kN が図心からの偏心量 400 mm で作用するときの安全性を照査せよ.ただし,コンクリートの設計基準強度 $f'_{ck} = 24$ N/mm^2, 鉄筋の降伏強度 $f_{yk} = 300$ N/mm^2 とし,安全係数は $\gamma_c = 1.3$, $\gamma_s = 1.0$, $\gamma_b = 1.15$, $\gamma_i = 1.15$ とする.

(4) 1 辺の長さが 400 mm の正方形断面の帯鉄筋柱で,SD295 の軸方向鉄筋 8-D32 が配置されているとき,設計中心軸方向耐力 N'_{oud} を求めよ.なお,コンクリートの設計基準強度 $f'_{ck} = 24$ N/mm^2 とし,安全係数は $\gamma_c = 1.3$, $\gamma_s = 1.0$, $\gamma_b = 1.30$ とする.

(5) 直径 500 mm のらせん鉄筋柱で,降伏強度 $f_{yk} = 350$ N/mm^2 の軸方向鉄筋 D22 が 8 本,らせん鉄筋には D13 で降伏強度 $f_{yk} = 300$ N/mm^2 が,らせんの直径 400 mm でピッチ 60 mm に配置されているとき,設計軸方向耐力 N'_{oud} を求めよ.コンクリートの設計基準強度 $f'_{ck} = 27$ N/mm^2 とし,安全係数は $\gamma_c = 1.3$, $\gamma_s = 1.0$, $\gamma_b = 1.30$ とする.

(6) $b = 450$ mm, $d = 500$ mm, $A_s = 4$-D19 である単鉄筋長方形断面に,鉄筋 D13 を用いた W 形のスターラップが 200 mm 間隔に配置されている.①設計曲げ耐力 M_{ud} および②設計せん断耐力 V_{yd} を求めよ.ただし,コンクリートの設計基準強度 $f'_{ck} = 24$ N/mm^2, 鉄筋の降伏強度 $f_{yk} = 350$ N/mm^2 とする.安全係数は,$\gamma_c = 1.3$, $\gamma_s = 1.0$, $\gamma_b = 1.15$(曲げ),$\gamma_b = 1.30$(せん断)とする.

第 6 章 使用性に関する照査

例題-1

第 5 章の例題-1 に示す断面の支間 $L = 5$ m のはりに,設計曲げモーメント $M_d = 135$ kN·m が作用するときの支間中央のたわみを求めよ.ただし,曲げモーメントの分布は支間中央を最大とする三角形とする.はりの全高 h は 550 mm とする.

解

$$f'_{ck} = 21 \text{ N/mm}^2, \qquad E_c = 23.5 \text{ kN/mm}^2, \qquad n = \frac{E_s}{E_c} = \frac{200}{23.5} = 8.51$$

コンクリートの設計曲げ強度

$$f_{bd} = 0.42 \cdot \frac{f'^{2/3}_{ck}}{\gamma} = 0.42 \times \frac{21^{2/3}}{1.0} = 3.20 \text{ N/m}^2$$

全断面有効の中立軸位置

$$x_0 = \frac{bh^2/2 + nA_s d}{bh + nA_s}$$

$$= \frac{350 \times (550^2/2) + 8.51 \times 1\,433 \times 500}{350 \times 550 + 8.51 \times 1\,433}$$

$$= 288 \text{ mm}$$

全断面有効とした断面二次モーメント

$$I_g = 350 \times \frac{288^3}{3} + 350 \times \frac{(550-288)^3}{3} + 8.51 \times 1\,433(500-288)^2$$

$$= 5\,433 \times 10^6 \text{ mm}^4$$

引張断面を無視した中立軸位置

$$x = -\frac{nA_s}{b} + \sqrt{\left(\frac{nA_s}{b}\right)^2 + \frac{2nA_s d}{b}}$$

$$= -8.51 \times \frac{1\,433}{350}$$

$$+ \sqrt{\left(8.51 \times \frac{1\,433}{350}\right)^2 + 2 \times 8.51 \times 1\,433 \times \frac{500}{350}} = 155 \text{ mm}$$

引張断面を無視した断面二次モーメント

$$I_{cr} = 350 \times \frac{155^3}{3} + 8.51 \times 1\,433(500-155)^2 = 1\,886 \times 10^6 \text{ mm}^4$$

断面にひび割れが発生する限界の曲げモーメント M_{crd} は,全断面有効として弾性計算した値を用いるものとする.

$$M_{crd} = f_{bd} \cdot \frac{I_g}{h - x_0} = 3.20 \times \frac{5\,433 \times 10^6}{550 - 288}$$

$$= 66.4 \times 10^6 \text{ N·mm}$$

$$M_d = 135 \times 10^6 \text{ N·mm}$$

有効曲げ剛性を曲げモーメントにより変化させて計算する．収縮および鋼材の拘束に起因する曲げモーメントへの影響はないものとする．

変形量の計算に用いる断面剛性

$$E_c I_e = E_c \left[\left(\frac{M_{crd}}{M_d} \right)^4 I_0 + \left\{ 1 - \left(\frac{M_{crd}}{M_d} \right)^4 \right\} I_{cr} \right]$$

$$= 23.5 \times 10^3 \times \left(\frac{66.4 \times 10^6}{135 \times 10^6} \right)^4 \times 5\,433 \times 10^6$$

$$+ \left[1 - \left(\frac{66.4 \times 10^6}{135 \times 10^6} \right)^4 \times 1\,866 \times 10^6 \right]$$

$$= 48.76 \times 10^{12} \text{ N·mm}^2$$

支間中央のたわみ量は，$M/E_c I_e$（弾性荷重）を荷重と考えて支間中央における曲げモーメントを計算すれば求められる．

たわみ量　$\delta = \dfrac{M_d L^2}{12 E_c I_e}$

$$= \frac{135 \times 10^6 \times (5 \times 10^3)^2}{12 \times 48.76 \times 10^{12}} = 5.8 \text{ mm}$$

例題-2

図に示す鉄筋コンクリートはりで死荷重による曲げモーメント $M_d = 1.04$ MN·m，活荷重による曲げモーメント $M_l = 0.75$ MN·m が作用するとき，永久荷重時および変動荷重作用時におけるひび割れ幅を求めよ．

ただし，引張鉄筋の断面積 $A_s =$ 8-D38 = 9 120 mm^2，鉄筋の中心間隔 $c_s = 100$ mm，かぶり $c = 60$ mm，コンクリートの設計基準強度 f'_{ck} は 24 N/mm^2 とする．

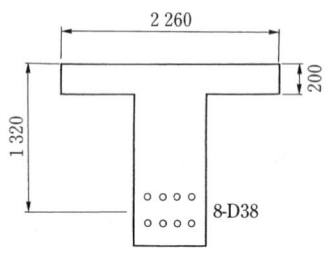

解

コンクリートの使用時におけるヤング率 E_c は 25 kN/mm² であるから，$n = (200 \times 10^3)/(25 \times 10^3) = 8.0$．

ウエブの応力を無視すれば，中立軸位置 x は

$$x = \frac{nA_s d + bt^2/2}{nA_s + bt} = \frac{8.0 \times 9\,120 \times 1\,320 + 2\,260 \times 200^2/2}{8.0 \times 9\,120 + 2\,260 \times 200}$$

$$= 270 \text{ mm} > t = 200 \text{ mm}$$

$$z = d - \frac{t}{2} = 1\,320 - \frac{200}{2} = 1\,220 \text{ mm}$$

永久荷重作用時の鉄筋応力

$$\sigma_s = \frac{M_d}{A_s z} = \frac{1.04 \times 10^9}{9\,120 \times 1\,220} = 93.5 \text{ N/mm}^2$$

コンクリートの乾燥による収縮 ε'_{cs} が 150×10^{-6} 生じるものとする．

永久荷重作用時の曲げひび割れ幅

$$w_d = [4c + 0.7(c_s - \phi)]\left(\frac{\sigma_{es}}{E_s} + \varepsilon'_{cs}\right)$$

$$= [4 \times 60 + 0.7(100 - 38)] \times \frac{93.5}{200 \times 10^3} + 150 \times 10^{-6}$$

$$= 0.17 \text{ mm}$$

変動荷重によるひび割れは，永久荷重に比べて鋼材の腐食に対する影響が小さいので，この比率を 0.5 と仮定すると

$$M_{d+l} = M_d + 0.5 M_l = 1.04 + 0.5 \times 0.75 = 1.415 \text{ MN·m}$$

変動荷重作用時のひび割れ幅を求めるための鉄筋応力

$$\sigma_s = \frac{M_{d+l}}{A_s z} = \frac{1.415 \times 10^9}{9\,120 \times 1\,220} = 127 \text{ N/mm}^2$$

変動荷重作用時の曲げひび割れ幅

$$w_{d+l} = [4 \times 60 + 0.7(100 - 38)]\left(\frac{127}{200 \times 10^3}\right) + 150 \times 10^{-6}$$

$$= 0.22 \text{ mm}$$

演習問題

1. 第6章の例題-1の荷重状態が長期に継続して作用する場合，クリープ係数 $\phi=2$ とすれば，長期の変形量はどれだけになるか．

2. 高さ $h=2\,\mathrm{m}$，一辺 30 cm の正方形断面のコンクリート柱に軸方向鉄筋 D22 が8本配置されている．この柱に中心軸方向荷重 $P=900\,\mathrm{kN}$ が作用するものとする．コンクリートのヤング係数 $E_c=25\,\mathrm{kN/mm^2}$，クリープ係数 $\phi=2.0$ とすれば，柱の最終変形量 $\delta\,(\mathrm{mm})$ はどれだけか．

3. 次の記述のうち，正しいものに○印，誤っているものに×印をつけよ．

(1) 鉄筋コンクリート構造は，ひび割れを許容した設計方法であるので，たわみの計算に必要な断面二次モーメントは，引張応力が作用する断面を無視して計算する．

(2) 使用限界状態に対する検討では，コンクリートのヤング係数は圧縮強度の特性値に応じて変化させ，コンクリートの引張応力は一般に考慮しない．

(3) 鉄筋コンクリート部材の設計では，鉄筋の腐食に対する安全性を考慮して，ひび割れ幅の許容値を定めている．

(4) 鉄筋コンクリートのひび割れ幅は，鉄筋応力およびひび割れ間隔に比例し，鉄筋応力が同じ場合，かぶりが大きいほど大きい．

(5) 異形鉄筋のコンクリートとの付着強度は普通丸鋼よりも大きいので，ひび割れが分散し，ひび割れ幅は普通丸鋼の場合よりも大きい．

(6) 鉄筋コンクリートはりのたわみは，断面剛性に反比例し，クリープにより増大する．

(7) 鉄筋コンクリートの耐久性を考慮した場合，永久荷重によるひび割れ幅の影響は，活荷重のそれよりも小さい．

(8) 鉄筋コンクリートのひび割れ幅は，収縮およびクリープによって増大する．

(9) 異形鉄筋または普通丸鋼を用いた鉄筋コンクリート部材の断面寸法が同じ場合，曲げモーメントが作用したときの曲げひび割れ幅は，異形鉄筋のほうが普通丸鋼よりも大きい．

(10) 鉄筋コンクリート部材のたわみは，活荷重に対して弾性計算を行い，永久荷重に対しては弾塑性の影響を考慮する．

第7章 疲労破壊に関する照査

例題-1

鉄筋コンクリートはりの引張鉄筋（直径 $\phi = 25$ mm）に発生する永久荷重応力 $\sigma_{sp} = 90$ N/mm^2，鉄筋の引張強度 $f_{ud} = 500$ N/mm^2 で，変動応力 $\sigma_{sr1} = 70$，$\sigma_{sr2} = 90$，$\sigma_{sr3} = 120$ N/mm^2 がそれぞれ 70 万，130 万，150 万回作用するとき，鉄筋の疲労限界に対する安全性を検討せよ．ただし，鉄筋の 200 万回疲労強度 f_{rd} は次式によるものとし，$\gamma_s = 1.05$，$\gamma_b = 1.1$ および $\gamma_i = 1.05$ とする．

$$f_{rd} = 190 \frac{10^{0.745}}{N^{0.12}} \left(1 - \frac{\sigma_{sp}}{f_{ud}}\right) \bigg/ \gamma_s$$

解

設計変動応力 $\sigma_{srd} = 120$ N/mm^2 としたときの変動応力の等価繰返し回数 N は

$$N = \sum_{i=1}^{3} n_i \left(\frac{\sigma_{sri}}{\sigma_{srd}}\right)^{1/k}$$

$$= \left[0.70 \times \left(\frac{70}{120}\right)^{1/0.12} + 1.30 \times \left(\frac{90}{120}\right)^{1/0.12} + 1.50\right] \times 10^6$$

$$= 1.63 \times 10^6 \text{ 回}$$

等価繰返し回数 N に対する設計疲労強度 f_{rd} は

$$f_{rd} = 1.90 \frac{10^{0.745}}{N^{0.12}} \left(1 - \frac{90}{500}\right) \bigg/ 1.05 = 148 \text{ N/mm}^2$$

$$\frac{\gamma_i \sigma_{rd}}{f_{rd}/\gamma_b} = \frac{1.05 \times 120}{148/1.10} = 0.94 \leq 1.0$$

よって，疲労破壊に対して安全である．

設計変動応力 σ_{srd} は，理論上は任意に選定してよいが，疲労強度式が $N \leq 200$ 万回の範囲で成立するから，等価繰返し回数が 200 万回以下となるよう，一般に独立変動応力のなかの最大値を用いるのが得策である．

演習問題

1. 鉄筋コンクリート床版で，コンクリートの設計基準強度 $f'_{ck}=24\,\mathrm{N/mm^2}$，有効高さ $d=160\,\mathrm{mm}$，床版の両方向の平均の鉄筋比 $p=1.19\%$，輪荷重 $P=100\,\mathrm{kN}$ の接地面積は $200\times 500\,\mathrm{mm}$ とする．この輪荷重が 250 回/日作用し，設計耐用期間を 20 年とする．この床版コンクリートの ①設計押抜きせん断耐力，および②押抜きせん断疲労に対する安全性を検討せよ．ただし，$\gamma_c=1.3$，$\gamma_b=1.05$，$\gamma_i=1.05$ とする．

2. 水中で曲げモーメントを受ける長方形断面の鉄筋コンクリートはりの圧縮応力が，最小応力 $\sigma'_{c\,\mathrm{min}}=0\,\mathrm{N/mm^2}$，最大応力 $\sigma'_{c\,\mathrm{max}}=8\,\mathrm{N/mm^2}$ を生じるものとする．2×10^6 回曲げ圧縮疲労に対するコンクリートの設計基準強度 f'_{ck} はどれだけでなければならないか．ただし，コンクリートの材料係数 $\gamma_c=1.3$ とする．

3. 次の記述のうち，正しいものに○印，誤っているものに×印をつけよ．

(1) 一般に，材料の疲労強度は応力振幅および繰返しの下限応力に支配される．

(2) 水中にあるコンクリートの疲労強度は，養生が十分に行われているため，気乾状態にあるコンクリートよりも大きい．

(3) 構造物の疲労破壊は終局限界状態の一種であるので，疲労限界状態に対する安全性の検討は，終局限界状態と同じ応力状態を対象とする．

(4) 異形鉄筋の設計疲労強度は，ふしの根元の円弧の有無およびふしと鉄筋軸とのなす角度を考慮して決定される．

(5) 異形鉄筋の引張疲労 S-N 線図の傾きは，繰返し回数を 2×10^6 回より著しく大きくしても変わらない．

(6) 一般に普通丸鋼の疲労強度は，異形鉄筋の疲労強度よりも小さい．

第8章 耐震性に関する照査

演習問題

次の記述のうち，正しいものに○印，誤っているものに×印をつけよ．

(1) 鉄筋コンクリート構造物の耐震性に対する検討は，地震による構造物の破

壊に対する安全性だけを考慮すればよい．
(2) 震度法による設計では，一般に地盤種別ごとに設定した標準水平震度に，地域別による補正係数を乗じて設計水平震度とする．
(3) 地震によって構造物に作用する慣性力は，一般には水平方向のみを考慮し，鉛直方向の影響は必要に応じて考慮すればよい．
(4) 通常の鉄筋コンクリート構造物の耐震性は，曲げモーメントに対して検討するだけでよい．
(5) 部材の塑性率は，地震力による最大応答変位を降伏荷重時の変位で除した値である．
(6) 部材のじん性率は，繰返し荷重－変位曲線の包絡線が降伏荷重を下回らない最大変位を降伏変位で除した値で，部材の粘り強さを表す指標である．
(7) 鉄筋コンクリート柱の地震時におけるせん断耐力は，主鉄筋の量に支配され，帯鉄筋の量やその配置，端部の定着方法などの影響は小さい．
(8) 鉄筋コンクリート部材が曲げ耐力に達するときのせん断力と構造物係数との積が，せん断耐力よりも小であれば，曲げ破壊モードと判定される．
(9) 適切に設計された鉄筋コンクリート部材は，降伏変位の10倍程度の変位に達するまで粘り強く荷重に抵抗することができる．
(10) せん断破壊が曲げ破壊より先行する部材は，良好なじん性を発揮する．

解　答

第1章

(1)○　(2)×　(3)○　(4)○　(5)×　(6)×　(7)○　(8)○　(9)○　(10)×

第2章

(1)×　(2)○　(3)○　(4)×　(5)○　(6)○　(7)○　(8)○　(9)×　(10)○

第3章

(1)○　(2)○　(3)○　(4)×　(5)○

第4章

1. (1)○　(2)○　(3)×　(4)×　(5)×　(6)○　(7)×　(8)×

2. 設計曲げモーメント　$M = \dfrac{1}{8} wl^2 = 95$ kN·m

   $\sigma'_c = 6.0$ N/mm^2,　　$\sigma'_s = 150$ N/mm^2

3. 最大せん断応力度および最大付着応力度は，支点におけるせん断力を用いて計算する．

   $V = wl/2 = 148$ kN,　　$\tau = 0.85$ N/mm^2

   引張鉄筋の付着応力度　$\tau_0 = 1.25$ N/mm^2

4. $\tau_i = 0.91$ N/mm^2

第5章

(1) $x = 71$ mm,　　$M_{ud} = 165$ kN·m,　　$\gamma_i M_d / M_{ud} = 0.98 < 1.0$

(2) 圧縮鉄筋は降伏していない．　　$x = 68$ mm,　　$M_{ud} = 217$ kN·m

(3) $x = 149$ mm,　　$N'_{ud} = 578$ kN,　　$M_{ud} = 345$ kN·m,

$\gamma_i N_d/N_{ud} = 0.99 < 1.0$,　　$\gamma_i M_d/M_{ud} = 0.67 < 1.0$

(4)　$N'_{oud} = 3.38$ MN

(5)　$N'_{oud} = 4.07$ MN

(6)　① $M_{ud} = 164$ kN·m,　② $V_{cd} = 89.3$ kN,　$V_{sd} = 335$ kN,
　　$V_{yd} = 424$ kN $< V_{wcd} = 1.21$ MN

第6章

1.　$\delta_e = 5.8$ mm,　　$\delta_l = 17.4$ mm

2.　$\sigma_c = 7.8$ N/mm,　　$\delta_e = 0.6$ mm,　　$\delta_l = 1.9$ mm

3.　(1)×　(2)○　(3)○　(4)○　(5)×　(6)○　(7)×　(8)○　(9)×　(10)○

第7章

1.　① $V_{pcd} = 475$ kN,　　② $V_{pd} = 0$ とすれば
　　$V_{rpd} = 263$ kN,　　$V_{rd} = 100$ kN,　　$\gamma_i V_{rd}/(V_{rpd}/\gamma_b) = 0.42 < 1.0$

2.　$\sigma'_{crd} = 6$ N/mm^2,　$\sigma_p = 0$ と考え
　　$f_d \geq 19.1$ N/mm^2,　　$f'_{ck} = 248$ N/mm^2

3.　(1)○　(2)×　(3)×　(4)○　(5)×　(6)×

第8章

(1)×　(2)○　(3)○　(4)×　(5)○　(6)○　(7)×　(8)○　(9)○　(10)×

付録　鉄筋コンクリート倒立T形擁壁の設計例

土木学会『コンクリート標準示方書　設計編』(2007年制定)に準拠し,限界状態設計法によって,鉄筋コンクリート倒立T形擁壁の設計例を示す.

1. 設 計 条 件

1.1 一 般 条 件

1) 形式および寸法　　一般の道路に建設する高さ5mの倒立T形擁壁で，背面の地表面は水平（$\beta=0°$）とする．
2) 基 礎 形 式　　直接基礎
3) 建 設 場 所　　千葉県（地域区分A，地域別補正係数 $c_z=1.0$）
　　　　　　　　　地盤種別：I種
4) 設 計 地 震 動　　レベル1の地震動を対象とし，耐震性能1を満足することを照査する．
　　　　　　　　　設計水平震度の標準値　$k_{h0}=0.12$
　　　　　　　　　設計水平震度　$k_h=c_z\cdot k_{h0}=1.0\times 0.12=0.12$
5) 上 載 荷 重　　$q=10.0\,\mathrm{kN/m^2}$
6) 土 の 性 質　　砂質土：せん断抵抗角 $\phi=30°$，粘着力は無視（$c=0$）する．
　　　　　　　　　背面土砂の単位体積重量　$\gamma_s=19\,\mathrm{kN/m^3}$
7) 基 礎 地 盤　　砂質地盤（N値$=30$）

1.2 使 用 材 料

1) コ ン ク リ ー ト　　設計基準強度　$f'_{ck}=21\,\mathrm{N/mm^2}$
　　　　　　　　　コンクリートの設計圧縮強度
　　　　　　　　　$f'_{cd}=f'_{ck}/\gamma_c=21/1.3=16.2\,\mathrm{N/mm^2}$
2) 鉄　　　　筋　　SD 295A：$f_{yk}=295\,\mathrm{N/mm^2}$
　　　　　　　　　鉄筋の設計降伏強度　$f_{yd}=f_{yk}/\gamma_s=295/1.0=295\,\mathrm{N/mm^2}$
3) 鉄筋コンクリートの単位容積重量　　$\gamma_c=24.5\,\mathrm{kN/m^3}$

1.3 安 全 係 数

限界状態に対する安全係数を付表1のとおりとする．

付表1 安全係数

安全係数 限界状態	材料係数		部材係数 γ_b	構造解析 係数 γ_a	構造物 係数 γ_i	荷重係数 γ_f	転倒 γ_0	滑動 γ_h	鉛直支持 γ_v
	コンクリート γ_c	鉄筋 γ_s							
終局状態	1.3	1.0	1.15^{*1} 1.30^{*2}	1.0	1.1	1.1^{*3} 1.2^{*4} 1.0^{*5}	1.4	1.3	1.2
使用状態	1.0	1.0	1.0	1.0	1.0	1.0	―	―	―

(注) *1 曲げ，*2 せん断，*3 死荷重，*4 土圧および活荷重，*5 地震の影響

1.4 修 正 係 数

修正係数は付表2のとおりとする．

付表2 修正係数

係数 限界状態	材料修正係数 ρ_m	荷重修正係数 ρ_f	地盤支持力修正係数 ρ_v
終局状態	1.0	1.0^{*1} 2.0^{*2}	0.8
使用状態	1.0	1.0	1.0

(注) *1 死荷重および土圧，*2 上載荷重

1.5 荷重の組合せ

限界状態に関する荷重の組合せは次のとおりとする．
〈終局状態〉
1) 一般荷重時：死荷重＋活荷重
2) 地　震　時：死荷重＋地震の影響
〈使用状態〉
1) 一般荷重時：死荷重＋活荷重

1.6 土圧の計算方法

土圧の計算方法は，試行くさび法（クーロン系の土圧計算方法）による．一般荷重時および地震時の土圧は，付図1(1)(a)に示す1，2，3，……のように，背面土砂のすべり角ωを仮定し，くさび土砂および上載荷重の重量W，土圧の合力Pを計算し，最大の土圧合力を生じるすべり線に対応するものを，設計主

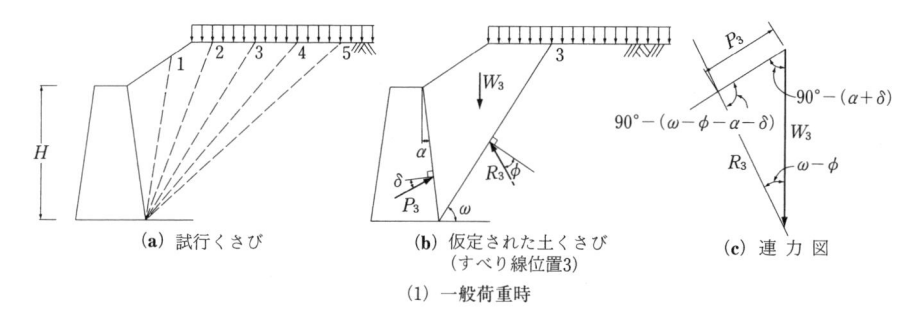

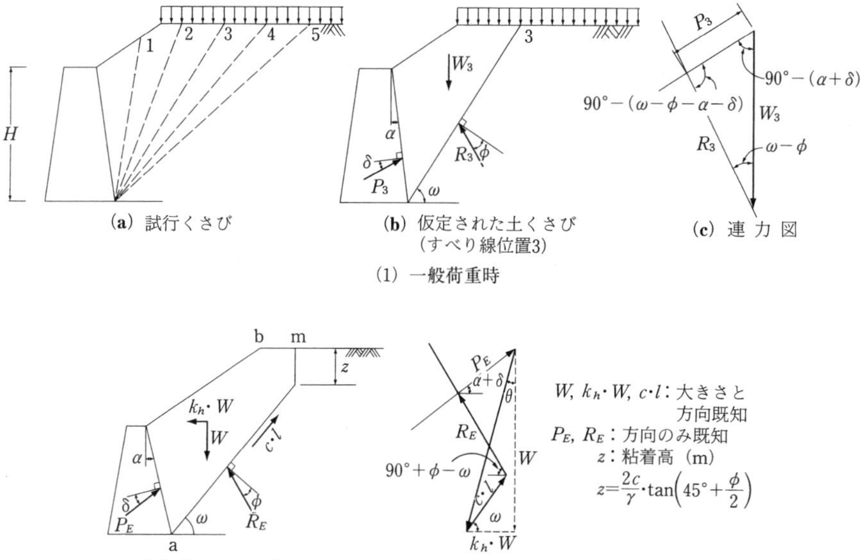

1. 設計条件

(1) 一般荷重時

(a) 試行くさび (b) 仮定された土くさび (すべり線位置3) (c) 連力図

(2) 地震時

(a) 仮定された土くさび (b) 連力図

$W, k_h \cdot W, c \cdot l$：大きさと方向既知
P_E, R_E：方向のみ既知
z：粘着高 (m)
$$z = \frac{2c}{\gamma} \cdot \tan\left(45° + \frac{\phi}{2}\right)$$

付図1 試行くさび法による土圧の計算方法

働土圧合力 P_a とする（付図1 (1)(b) または (2)(a)）．

計算の条件は下記のとおりとする．

① 土圧が作用する壁面の高さ　$H = 5.000$ m（仮想背面）
　　　　　　　　　　　　　　　$= 4.500$ m（たて壁）

② 背面土砂の内部摩擦角　$\phi = 30°$

③ ⓐ 仮想背面に対する壁面摩擦角　δ（土－土）

　一般荷重時：$\delta = \beta = 0°$　ただし，β はのり面勾配

　地　震　時：$\tan\delta = \dfrac{\sin\phi \sin(\theta + \varDelta - \beta)}{1 - \sin\phi \cos(\theta + \varDelta - \beta)}$

　　　　ただし，地震時合成角　$\theta = \tan^{-1} k_h = \tan^{-1} 0.12 = 6.84°$

$$\sin\varDelta = \frac{\sin(\beta + \theta)}{\sin\phi} = \frac{\sin(0° + 6.84°)}{\sin 30°} = 0.238$$

$$\varDelta = \sin^{-1} 0.238 = 13.77°$$

$$\tan\delta = \frac{\sin30°\sin(6.84° + 13.77° - 0°)}{1 - \sin30°\cos(6.84° + 13.77° - 0°)} = 0.331$$

$$\delta = \tan^{-1}0.331 = 18.31°$$

ただし，$\beta + \theta \geq \phi$ となるときは，$\delta = \phi$ とする．

ⓑ　たて壁に対する壁面摩擦角　δ（土－コンクリート）

一般荷重時：$\delta = \frac{2}{3}\phi = 20°$

地　震　時：$\delta = \frac{1}{2}\phi = 15°$

④　仮想背面が鉛直面となす角　$a = 0°$

⑤　原点から仮想背面までの距離　$x_p = 3.0$ m

⑥　上載荷重　$q = 10$ kN/m² （一般荷重時）

　　　　　　　　　$= 0.0$　　（地震時）

⑦　土砂の重量および上載荷重

$$W = H \times bc \times \frac{\gamma_s}{2} + q \times bc$$

$$= \left(\frac{1}{2} \times \gamma_s \times H + q\right) \times H \times \cot\omega$$

ただし，$bc = H\cot\omega$，$W' = \left(\frac{1}{2} \times \gamma_s \times H + q\right) \times H$

⑧　最大主働土圧合力

一般荷重時：$P_a = \dfrac{W\sin(\omega - \phi)}{\cos(\omega - \phi - a - \delta)}$

$$= \frac{\left(\frac{1}{2} \times \gamma_s \times H + q\right) \times H \times \cot\omega \sin(\omega - \phi)}{\cos(\omega - \phi - a - \delta)}$$

地　震　時：$P_E = \dfrac{W\sin(\omega - \phi + \theta)}{\cos\theta\cos(\omega - \phi - a - \delta)}$

$$= \frac{\frac{1}{2} \times \gamma_s \times H^2 \times \cot\omega \sin(\omega - \phi + \theta)}{\cos\theta\cos(\omega - \phi - a - \delta)}$$

設計主働土圧の水平成分　$P_H = P_a \cos(\alpha + \delta) = W' \cdot K_H$

設計主働土圧の鉛直成分　$P_V = P_a \sin(\alpha + \delta) = W' \cdot K_V$

一般荷重時：

水平方向の土圧係数　$K_H = \dfrac{\cot\omega \sin(\omega - \phi) \cos(\alpha + \delta)}{\cos(\omega - \phi - \alpha - \delta)}$

鉛直方向の土圧係数　$K_V = \dfrac{\cot\omega \sin(\omega - \phi) \sin(\alpha + \delta)}{\cos(\omega - \phi - \alpha - \delta)}$

地　震　時：

水平方向の土圧係数　$K_H = \dfrac{\cot\omega \sin(\omega - \phi + \theta) \cos(\alpha + \delta)}{\cos\theta \cos(\omega - \phi - \alpha - \delta)}$

鉛直方向の土圧係数　$K_V = \dfrac{\cot\omega \sin(\omega - \phi + \theta) \sin(\alpha + \delta)}{\cos\theta \cos(\omega - \phi - \alpha - \delta)}$

2. 形 状 寸 法

擁壁の形状寸法は，付図2のとおりとする．部材の最小寸法は，施工性を考慮して350 mm とする．なお，倒立Ｔ形擁壁の形状寸法の参考値は以下のとおりである．

① たて壁前面の勾配　$n \geq 1/50$
② 底版幅　$B = 0.5 \sim 0.8\,H$
③ つま先版の長さ　$b_1 = B/5$ 程度
④ 部材端厚　b_4，c_1，c_2 は 300 mm 以上
⑤ 底版上面の勾配は，擁壁の規模が小さい場合は水平，大きい場合は 20％程度以下

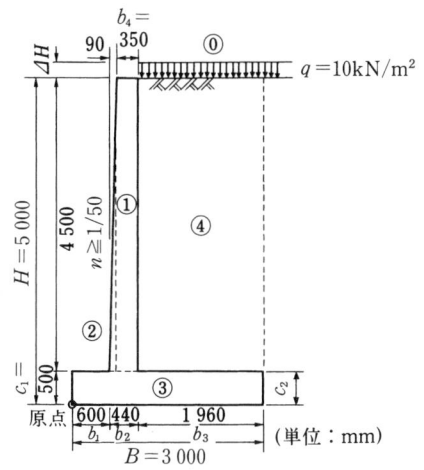

付図2　形状寸法

3. 安定計算

擁壁の安定計算は，延長1m当たりについて行う．

3.1 自　　重

(1) 擁壁躯体各部の重量および重心（付表3）

付表3　擁壁躯体の重量と回転モーメント（幅1m当たり）

区分	幅×高さ×γ_c (m×m×kN/m³)	鉛直力 V_i(kN)	原点から重心までの距離 x_i (m)	原点から重心までの距離 y_i (m)	回転モーメント M_{xi}(kN·m)	回転モーメント M_{yi}(kN·m)
①	$N_1 = 0.35 \times 4.5 \times 24.5$	38.59	$x_1 = 0.60 + 0.09 + 0.35 \times 1/2 = 0.865$	$y_1 = 0.50 + 4.50 \times 1/2 = 2.750$	33.38	106.12
②	$N_2 = 0.09 \times 4.5 \times 1/2 \times 24.5$	4.96	$x_2 = 0.60 + 0.09 \times 2/3 = 0.660$	$y_2 = 0.50 + 4.5 \times 1/3 = 2.000$	3.27	9.92
③	$N_3 = 3.00 \times 0.50 \times 24.5$	36.75	$x_3 = 3.00 \times 1/2 = 1.500$	$y_3 = 0.50 \times 1/2 = 0.250$	55.13	9.19
	合計	$\Sigma V_i = 80.30$	—	—	$\Sigma M_{xi} = 91.78$	$\Sigma M_{yi} = 125.23$

重心位置　　$x_0 = \dfrac{\Sigma M_{xi}}{\Sigma V_i} = \dfrac{91.78}{80.30} = 1.143$ m

$y_0 = \dfrac{\Sigma M_{yi}}{\Sigma V_i} = \dfrac{125.23}{80.30} = 1.560$ m

地震時水平力　$H = \Sigma V_i \times k_h = 80.30 \times 0.12 = 9.64$ kN

(2) 背面土砂の重量および重心（付表4）

付表4　背面土砂の重量と回転モーメント（幅1m当たり）

区分	幅×高さ×γ_s (m×m×kN/m³)	鉛直力 V_i(kN)	原点から重心までの距離 x_i (m)	原点から重心までの距離 y_i (m)	回転モーメント M_{xi}(kN·m)	回転モーメント M_{yi}(kN·m)
④	$N_4 = 1.96 \times 4.5 \times 19.0$	167.58	$x_4 = 0.60 + 0.44 + 1.96 \times 1/2 = 2.020$	$y_4 = 0.50 + 4.50 \times 1/2 = 2.750$	338.51	460.85
	合計	$\Sigma V_i = 167.58$	—	—	$\Sigma M_{xi} = 338.51$	$\Sigma M_{yi} = 460.85$

擁壁背面の土砂として，底版上部の全重量をとる.

重心位置　　$x_0 = \dfrac{\Sigma M_{xi}}{\Sigma V_i} = \dfrac{338.51}{167.58} = 2.020 \text{ m}$

$y_0 = \dfrac{\Sigma M_{yi}}{\Sigma V_i} = \dfrac{460.85}{167.58} = 2.750 \text{ m}$

地震時水平力　$H = \Sigma V_i \times k_h = 167.58 \times 0.12 = 20.11 \text{ kN}$

3.2 上載荷重

上載荷重　　$V_0 = 1.96 \times 10 = 19.6 \text{ kN}$

重心位置　　$x_0 = 0.60 + 0.44 + 1.96 \times \dfrac{1}{2} = 2.020 \text{ m}$

$y_0 = 5.000 \text{ m}$

3.3 土　　圧

仮想背面に作用する土圧は，壁面の高さ $H = 5.0$ m として，試行くさび法によって計算する.

(1) 一般荷重時

付図3を参照して，各すべり角 ω に対する試算した結果を付表5に示す．この結果から，最大主働土圧合力はすべり角 $\omega = 60°$ のときに生じる.

$\omega = 60°$ における（上載荷重を含む）設計主働土圧合力の水平および鉛直成分は

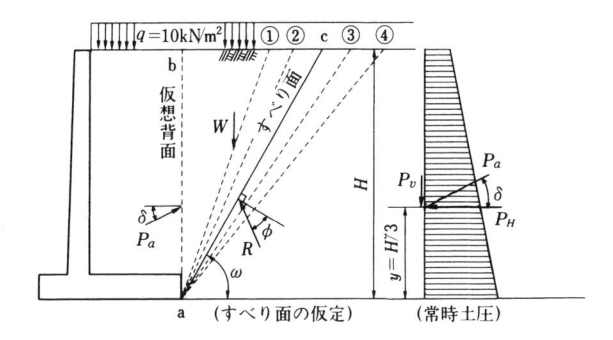

付図3　試行くさび法による常時土圧の計算

付表5 各すべり角に対する主働土圧合力（一般荷重時）（幅1m当たり）

すべり角 ω (°)	くさび土砂および上載荷重 W' (kN)	主働土圧合力 P_a (kN)
50		87.80
55		93.87
60	287.5	95.83
65		93.87
70		87.80

$$K_H = \frac{\cot 60° \sin(60° - 30°)\cos 0°}{\cos(60° - 30° - 0° - 0°)} = 0.333$$

$K_V = 0.0$

$$P_H = \left(\frac{1}{2} \times 19 \times 5.0 + 10\right) \times 5.0 \times 0.333 = 95.83 \text{ kN}$$

$P_V = 0.0$ kN

設計主働土圧の作用位置　$y = \dfrac{H}{3} = \dfrac{5.000}{3} = 1.667$ m

(2) 地震時

地震時の土圧は，土くさびに水平方向の地震時慣性力（$k_{h0} \cdot W$）が作用するので，付図4に示すように，仮定した背面土砂のすべり角 ω に対して，鉛直方向力と水平方向力との合成力に対して連力図を描く．この設計条件では粘着力はなく，上載荷重を載荷しないので，各成分は以下のように計算される．

各すべり角 ω に対する試算の結果を付表6に示す．これらの結果から，最大主働土圧合力はすべり角 $\omega = 50°$ のときに生じる．

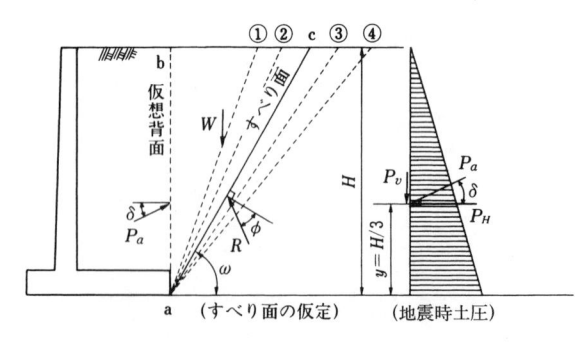

付図4　試行くさび法による地震時土圧の計算

付表6 各すべり角に対する主働土圧合力（地震時）（幅1m当たり）

すべり角 ω (°)	くさび土砂重量 W' (kN)	主働土圧合力 P_E (kN)
40		83.46
45		89.14
50	237.5	90.66
55		88.97
60		84.56

$\omega = 50°$ における設計主働土圧合力の水平および鉛直成分は

$$K_H = \frac{\cot 50° \sin(50° - 30° + 6.84°)\cos(0° + 18.31°)}{\cos 6.84° \cos(50° - 30° - 0° - 18.31°)} = 0.362$$

$$K_V = \frac{\cot 50° \sin(50° - 30° + 6.84°)\sin(0° + 18.31°)}{\cos 6.84° \cos(50° - 30° - 0° - 18.31°)} = 0.120$$

$$P_H = \frac{1}{2} \times 19 \times 5.0^2 \times 0.362 = 85.98 \text{ kN}$$

$$P_V = \frac{1}{2} \times 19 \times 5.0^2 \times 0.120 = 28.50 \text{ kN}$$

設計主働土圧の作用位置　$y = \dfrac{H}{3} = \dfrac{5.000}{3} = 1.667$ m

3.4　剛体安定の限界状態

(1)　転倒に関する照査

a.　一般荷重時

擁壁に作用する荷重は，擁壁前面の抵抗土圧を無視し，付表7に示すとおり，躯体重量 W_c，背面土砂重量 W_s，地表面上載荷重 W_l，土圧の鉛直成分 P_{sv} および上載荷重による土圧の鉛直成分 P_{lv} を考慮する．土圧による水平方向成分と上載荷重による水平方向成分を分けて考えている．一般荷重時の荷重の公称値およびその作用位置は，付図5(a)に示すとおりである．

転倒に対する抵抗モーメント M_r は，次のようになる．

転倒抵抗モーメント　$M_r = W_c x_c + W_s x_s + W_l x_l + P_{sv} x_{sv} + P_{lv} x_{lv}$
$\qquad\qquad\qquad\qquad = 80.30 \times 1.143 + 167.58 \times 2.02 + 19.60 \times 2.02 + 0 + 0$
$\qquad\qquad\qquad\qquad = 469.89$ kN・m

設計抵抗モーメント　　$M_{rd} = \dfrac{M_r}{\gamma_0} = \dfrac{469.89}{1.4} = 335.64$ kN・m

設計転倒モーメント　　$M_{sd} = \gamma_f \rho_f P_{sH} y_{sH} + \gamma_f \rho_f P_{lH} y_{lH}$

$\qquad\qquad\qquad\qquad = 1.2 \times 1.0 \times 95.83 \times 1.667$

$\qquad\qquad\qquad\qquad\quad + 1.2 \times 2.0 \times 16.67 \times 2.500 = 291.72$ kN・m

$\qquad\qquad \therefore \gamma_i \dfrac{M_{sd}}{M_{rd}} = \dfrac{1.1 \times 291.72}{335.64} = 0.95 < 1.0 \qquad$ OK

付表7　擁壁の回転モーメント（一般荷重時）（幅1m当たり）

項　目	鉛直力 V_i (kN)	水平力 H_i (kN)	アーム長 x_i (m)	アーム長 y_i (m)	回転モーメント $Mx_i = V_i x_i$ (kN・m)	回転モーメント $My_i = H_i y_i$ (kN・m)
躯体自重 W_c	80.30	0.00	1.143	1.560	91.78	0.00
背面土砂自重 W_s	167.58	0.00	2.020	2.750	338.51	0.00
土圧合力 P_a	0.00	95.83	3.000	1.667	0.00	159.75
上載荷重 W_l	19.60	0.00	2.020	5.000	39.59	0.00
合計	267.48	95.83	—	—	469.89	159.75

b. 地　震　時

擁壁に作用する荷重は，上載荷重はなく，擁壁前面の抵抗土圧を無視し，付表8に示すとおりである．地震時の荷重の公称値およびその作用位置は，付図5（b）

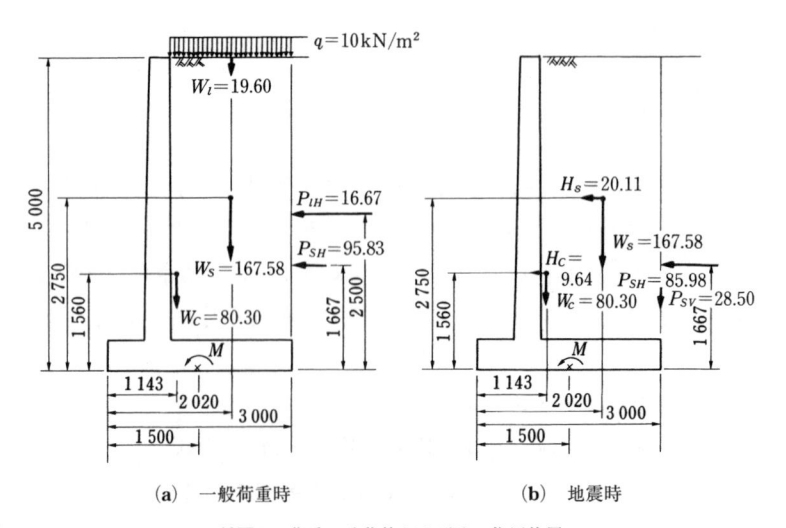

（a）一般荷重時　　　　　（b）地震時

付図5　荷重の公称値およびその作用位置

3. 安 定 計 算

付表8 擁壁の回転モーメント（地震時）（幅1m当たり）

項 目	鉛直力 V_i (kN)	水平力 H_i (kN)	アーム長 x_i (m)	アーム長 y_i (m)	回転モーメント $Mx_i = V_i x_i$ (kN·m)	回転モーメント $My_i = H_i y_i$ (kN·m)
躯体自重 W_c	80.30	9.64	1.143	1.560	91.78	15.04
背面土砂自重 W_s	167.58	20.11	2.020	2.750	338.51	55.30
土圧合力 P_a	28.50	85.98	3.000	1.667	85.50	143.33
上載荷重 W_l	0.00	0.00	—	—	0.00	0.00
合計	276.38	115.73	—	—	515.79	213.67

に示すとおりである．

設計抵抗モーメント　$M_{rd} = \dfrac{80.30 \times 1.143 + 167.58 \times 2.02 + 28.50 \times 3.00}{1.4}$

$= \dfrac{515.79}{1.4} = 368.42$ kN·m

設計転倒モーメント　$M_{sd} = 1.1 \times 1.0 \times 9.64 \times 1.56 + 1.1 \times 1.0 \times 20.11 \times 2.75$
$+ 1.2 \times 1.0 \times 85.98 \times 1.667 = 249.37$ kN·m

$\therefore \gamma_i \dfrac{M_{sd}}{M_{rd}} = \dfrac{1.1 \times 249.37}{368.42} = 0.74 < 1.0$　　　OK

(2) 滑動に関する照査

a. 一般荷重時

滑動に対する水平抵抗力 H_r は，底版下面と地盤との間の摩擦力および粘着力を考慮し，擁壁前面の受働土圧抵抗を無視する．

滑動水平抵抗力　$H_r = (W_c + W_s + W_l + P_{sv} + P_{lv}) \times \mu + c A_e$

$= (80.30 + 167.58 + 19.60 + 0.0 + 0.0) \times 0.6 + 0.0$

$= 160.49$ kN

設計水平抵抗力　$H_{rd} = \dfrac{H_r}{\gamma_h} = \dfrac{160.49}{1.3} = 123.45$ kN

設計作用水平力　$H_{sd} = \gamma_f \rho_f P_{sH} + \gamma_f \rho_f P_{lH}$

$= 1.2 \times 1.0 \times 95.83 + 1.2 \times 2.0 \times 16.67 = 155.00$ kN

$\therefore \gamma_i \dfrac{H_{sd}}{H_{rd}} = \dfrac{1.1 \times 155.00}{123.45} = 1.38 > 1.0$　　　NO

b. 地震時

設計水平抵抗力　$H_{rd} = \dfrac{(80.30 + 167.58 + 0.0) \times 0.6 + 0.0}{1.3}$

$= \dfrac{148.73}{1.3} = 114.41 \text{ kN}$

設計作用水平力　$H_{sd} = 1.1 \times 1.0 \times 9.64 + 1.1 \times 1.0 \times 20.11 + 1.2 \times 1.0 \times 85.98$

$= 135.90 \text{ kN}$

$\therefore \gamma_i \dfrac{H_{sd}}{H_{rd}} = \dfrac{1.1 \times 135.90}{114.41} = 1.31 > 1.0 \qquad \text{NO}$

以上の計算結果から，一般荷重時および地震時ともに滑動に対する安全度が不足している．安全度を満足するために，一般には擁壁の形状を変更する必要があるが，ここでは底版に突起（キー）を設けて安全度を確保する．

c. 突起の設計

つま先部端面から 1 m の位置に，高さ 300 mm の突起を設けるものとする．

突起による水平抵抗力　$H_k = \dfrac{1}{2} \times (q_1 + q_3) \times l_1 \tan\phi + \dfrac{1}{2} \times (q_2 + q_3) \times l_2 \tan\phi_B + c_B \times l_1$

ここに，q_1, q_2, q_3：底版下面のつま先，かかとおよび突起前面における地盤反力（kN/m²），l_1, l_2：突起前面からつま先および突起前面からかかとまでの水平距離（m），$\tan\phi_B$：底版と地盤との間の摩擦係数．

ⅰ）一般荷重時の水平抵抗力

$l_1 = 1.0 \text{ m}$, $l_2 = 2.0 \text{ m}$, $q_1 = 149.97 \text{ kN/m}^2$, $q_2 = 28.35 \text{ kN/m}^2$, $q_3 = 109.43 \text{ kN/m}^2$, $\phi = 30°$, $\tan\phi_B = 0.6$

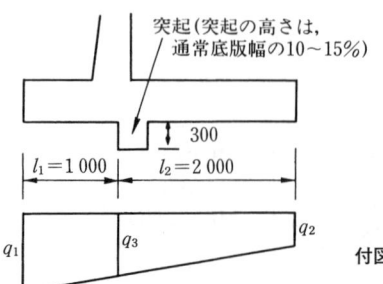

付図 6　突起による水平抵抗力を計算する際の地盤反力および水平距離

3. 安 定 計 算

突起による水平抵抗力　　$H_k = \dfrac{1}{2} \times (149.97 + 109.43) \times 1.0 \tan 30°$

$$+ \dfrac{1}{2} \times (28.35 + 109.43) \times 2.0 \times 0.6 + 0.0$$

$$= 157.55 \text{ kN}$$

設計水平抵抗力　　$H_{rd} = \dfrac{160.49 + 157.55}{1.3} = \dfrac{318.04}{1.3} = 244.65 \text{ kN}$

$$\therefore \gamma_i \dfrac{H_{sd}}{H_{rd}} = \dfrac{1.1 \times 135.00}{244.65} = 0.61 < 1.0 \quad \text{OK}$$

ⅱ) 地震時の水平抵抗力

$l_1 = 1.0$ m, $l_2 = 2.0$ m, $q_1 = 167.12$ kN/m², $q_2 = 17.14$ kN/m², $q_3 = 117.13$ kN/m², $\phi = 30°$, $\tan \phi_B = 0.6$

突起による水平抵抗力　　$H_k = \dfrac{1}{2} \times (167.12 + 117.13) \times 1.0 \tan 30°$

$$+ \dfrac{1}{2} \times (17.14 + 117.13) \times 2.0 \times 0.6 + 0.0$$

$$= 162.62 \text{ kN}$$

設計水平抵抗力　　$H_{rd} = \dfrac{148.73 + 162.62}{1.3} = \dfrac{311.35}{1.3} = 239.50 \text{ kN}$

$$\therefore \gamma_i \dfrac{H_{sd}}{H_{rd}} = \dfrac{1.1 \times 135.90}{239.50} = 0.62 < 1.0 \quad \text{OK}$$

(3) 鉛直支持に関する照査

地盤の鉛直支持力の特性値 V_r は，道路橋示方書Ⅳ・下部構造編に規定されている地盤の極限支持力式によって極限支持力を算出し，これに修正係数 ρ_v を乗じる．

a. 一般荷重時

極限支持力　　$Q_u = A_e \times \left(\alpha \times \kappa \times c \times N_c + \kappa \times q \times N_q + \dfrac{1}{2} \times \gamma_1 \times \beta \times B_e \times N_r \right)$

ここに，Q_u：荷重の偏心傾斜を考慮した地盤の極限支持力 (kN)．

底版の中心におけるモーメント，水平方向力および鉛直方向力は

$$M = 79.16 \times 1.667 + 16.67 \times 2.5 + 80.30 \times (1.5 - 1.143)$$
$$- (167.58 + 19.60) \times (2.02 - 1.50) = 104.97 \text{ kN·m}$$
$$H = 79.16 + 16.67 = 95.83 \text{ kN}$$
$$V = 80.30 + 167.58 + 19.60 = 267.48 \text{ kN}$$

地盤の粘着力　$c = 0 \text{ kN/m}^2$

基礎の有効根入れ深さ　$D_f = 1.0 \text{ m}$

基礎幅　$B = 3.0 \text{ m}$

支持地盤および根入れ地盤の単位重量　$\gamma_1, \gamma_2 = 19 \text{ kN/m}^3$

支持力計算における上載荷重　$q = \gamma_2 \cdot D_f = 19 \times 1.0 = 19 \text{ kN/m}^2$

荷重の偏心量　$e_B = \dfrac{M}{V} = \dfrac{104.97}{267.48} = 0.392 \text{ m}$

荷重の偏心を考慮した基礎の有効載荷幅　$B_e = B - 2e_B = 3.0 - 2 \times 0.392 = 2.216 \text{ m}$

有効載荷面積　$A_e = 2.216 \times 1.0 = 2.216 \text{ m}^2$

基礎の形状係数　$\alpha = 1.0, \ \beta = 1.0$（帯状）

根入れ効果に対する割増し係数　$\kappa = 1 + 0.3 \times \dfrac{D_f}{B_e} \times \dfrac{1 + 0.3 \times 1.0}{2.216} = 1.135$

荷重の傾斜を考慮した支持力係数　N_c, N_q, N_r を $\phi = 30°$，$\tan\theta = \dfrac{M}{V} = \dfrac{95.83}{267.48}$

$= 0.35$ として付図 7～9 より求めると，$N_c = 15, \ N_q = 9, \ N_r = 4$

極限支持力　$Q_u = 2.22 \times \left(1.0 \times 1.14 \times 0 \times 15 + 1.14 \times 19 \times 9 + \dfrac{1}{2} \times 19 \times 1.0 \times 2.22 \times 4\right)$

$= 620 \text{ kN}$

地盤の鉛直支持力の特性値　$V_r = \rho_v Q_u = 0.8 \times 620 = 496 \text{ kN}$

地盤の設計鉛直支持力　$V_{rd} = \dfrac{V_r}{\gamma_v} = \dfrac{496}{1.2} = 413 \text{ kN}$

設計鉛直荷重　$V_{sd} = \gamma_f \rho_f W_c + \gamma_f \rho_f W_s + \gamma_f \rho_f W_l + \gamma_f \rho_f W_{sv} + \gamma_f \rho_f W_{lv}$

$= 1.1 \times 1.0 \times 80.30 + 1.1 \times 1.0 \times 167.58 + 1.2 \times 2.0 \times 19.6 + 0.0 + 0.0$

$= 319.71 \text{ kN}$

$\therefore \ \gamma_i \dfrac{V_{sd}}{V_{rd}} = \dfrac{1.1 \times 319.17}{413} = 0.85 < 1.0$　　　OK

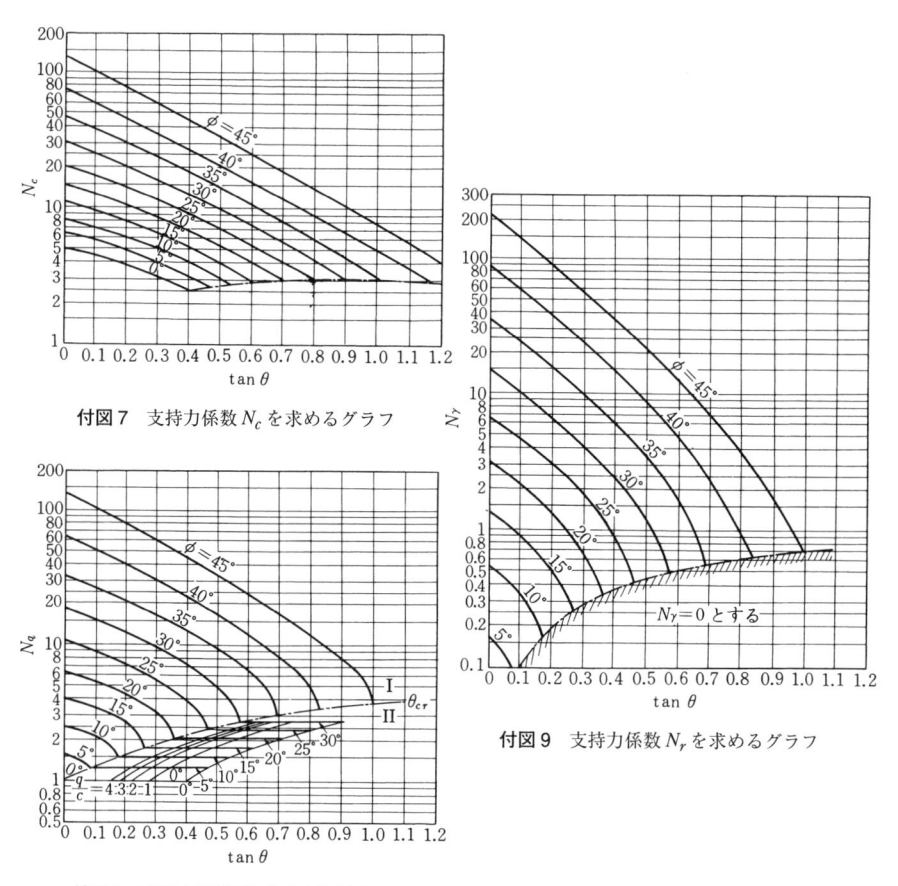

付図7　支持力係数 N_c を求めるグラフ

付図8　支持力係数 N_q を求めるグラフ

付図9　支持力係数 N_γ を求めるグラフ

b. 地震時

底版の中心におけるモーメント，水平方向力および鉛直方向力は

$M = 85.98 \times 1.667 + 9.64 \times 1.56 + 20.11 \times 2.75 + 80.30$
$\quad \times (1.5 - 1.143) - 167.58 \times (2.02 - 1.50) - 28.50 \times 1.5$
$\quad = 112.44 \text{ kN} \cdot \text{m}$

$H = 85.98 + 9.64 + 20.11 = 115.73 \text{ kN}$

$V = 80.30 + 167.58 + 28.50 = 276.38 \text{ kN}$

$c = 0 \text{ kN/m}^2$, $D_f = 1.0 \text{ m}$, $B = 3.0 \text{ m}$, $\gamma_1, \gamma_2 = 19 \text{ kN/m}^3$, $q = 19 \text{ kN/m}^2$, $e_B =$

$112.44/276.38 = 0.407$ m, $B_e = 3.0 - 2 \times 0.407 = 2.186$ m, $A_e = 2.186 \times 1.0 = 2.186$ m^2, $\alpha = 1.0$, $\beta = 1.0$（帯状），$\kappa = 1 + 0.3 \times 1.0/2.186 = 1.137$, $\phi = 30°$, $\tan\theta = H/V = 115.73/276.38 = 0.42$ として，N_c, N_q, N_r を付図 7～9 より求めると，$N_c = 14$, $N_q = 8$, $N_r = 3$.

極限支持力　$Q_u = 2.186 \times \Big(1.0 \times 1.14 \times 0 \times 14 + 1.14 \times 19 \times 8$

$$+ \frac{1}{2} \times 19 \times 1.0 \times 2.186 \times 3 \Big)$$

$= 515$ kN

地盤の鉛直支持力の特性値　$V_r = \rho_v Q_u = 0.8 \times 515 = 412$ kN

地盤の設計鉛直支持力　$V_{rd} = \dfrac{V_r}{\gamma_v} = \dfrac{412}{1.2} = 343$ kN

設計鉛直荷重　$V_{sd} = \gamma_f \rho_f W_c + \gamma_f \rho_f W_s + \gamma_f \rho_f W_l + \gamma_f \rho_f W_{sv} + \gamma_f \rho_f W_{lv}$

$= 1.1 \times 1.0 \times 80.30 + 1.1 \times 1.0 \times 167.58 + 1.2 \times 1.0 \times 28.5$

$= 306.87$ kN

$\therefore \gamma_i \dfrac{V_{sd}}{V_{rd}} = \dfrac{1.1 \times 306.87}{343} = 0.98 < 1.0$　　OK

(4) 安定計算の総括（付表 9）

付表 9　擁壁の安定計算総括表

区分	転倒（$\gamma_i M_{sd}/M_{rd}$）	滑動（$\gamma_i H_{sd}/H_{rd}$）	鉛直支持（$\gamma_i V_{sd}/V_{rd}$）
一般荷重時	0.77	1.20 (0.61)	0.85
地震時	0.74	1.31 (0.62)	0.98

（注）滑動の欄の（　）内は突起による場合．

4. 使用状態における剛体安定

4.1 荷重の特性値および設計支持力

荷重は，活荷重として 1.1 に示す上載荷重を考慮し，設計地盤支持力は $q_d = \rho_v Q_u/A_e/\gamma_v$ とする．

設計地盤支持力　$q_{rd} = 1.0 \times \dfrac{620}{2.22} \times \dfrac{1}{1.0} = 279 \text{ kN/m}^2$（一般荷重時）

4.2 地盤支持力の照査

一般荷重時に，荷重合力の作用位置が底版下面の中央 1/3 以内（核内）にあり，地盤反力が設計地盤支持力以下であることを確認する．

回転モーメント　$M = -95.83 \times 1.667 - 16.67 \times 2.5 + 80.30 \times 1.143 + 167.58 \times 2.02$
$\qquad\qquad\qquad + 19.60 \times 2.02$
$\qquad\qquad = 268.5 \text{ kNm}$

鉛直荷重　$V = 80.30 + 167.58 + 19.60 = 267.48 \text{ kN}$

作用位置　$x = \dfrac{M}{V} = \dfrac{268.5}{267.5} = 1.004 \text{ m}$

偏心距離　$e = \left| \dfrac{B}{2} - x \right| = \left| \dfrac{3.0}{2} - 1.004 \right| = 0.496 < \dfrac{B}{6} = 0.500 \text{ m}$

地盤反力　$q_{sd} = \dfrac{V}{B} \left(1 \pm \dfrac{6e}{B} \right)$

$\qquad\qquad = \dfrac{267.5}{3.0} \left(1 \pm \dfrac{6 \times 0.496}{3.0} \right)$

$\qquad q_{sd1} = 177.6 \quad \text{kN/m}^2$

$\qquad q_{sd2} = 0.713 \quad \text{kN/m}^2$

したがって，　$\gamma_i \dfrac{q_{sd}}{q_{rd}} = 1.1 \times \dfrac{177.6}{279} = 0.70 < 1.0$

荷重合力の作用位置は底版幅の 1/3 以内に入っており，一般荷重時の地盤反力は設計地盤支持力に対して十分な安全性が確保されている．

5. たて壁の設計

たて壁に作用する荷重および断面力を底版に固定された片持ちばりとして設計する．ただし，たて壁の自重および土圧の鉛直分力は考慮しない．また，前面の抵抗土圧は，建設中または建設後の掘削を考慮して無視する．

5.1 一般荷重時

(1) 土圧の計算

たて壁背面に作用する土圧は，壁面の高さ H = 4.5 m として，試行くさび法によって計算する．すべり角 ω を順次変化させ，最大主働土圧合力を与えるすべり角を 3.3(1) と同様に求める（付図 10）．計算の結果，ω = 56° となる（計算省略）．

ω = 56° おける設計主働土圧合力の水平および鉛直成分は

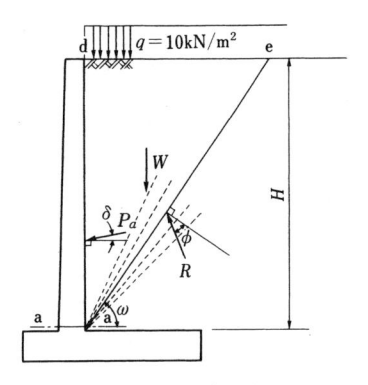

付図 10 たて壁に作用する土圧

$$K_H = \frac{\cot 56° \sin(56° - 30°)\cos(0° + 20°)}{\cos(56° - 30° - 0° - 20°)} = 0.279$$

$$K_V = \frac{\cot 56° \sin(56° - 30°)\sin(0° + 20°)}{\cos(56° - 30° - 0° - 20°)} = 0.102$$

$$P_H = \left(\frac{1}{2} \times 19 \times 4.5 + 10\right) \times 4.5 \times 0.279 = 66.23 \text{ kN}$$

$$P_V = \left(\frac{1}{2} \times 19 \times 4.5 + 10\right) \times 4.5 \times 0.102 = 24.21 \text{ kN}$$

設計主働土圧合力の作用位置

$$y = \frac{H}{3} = \frac{4\,500}{3} = 1.500 \text{ m}$$

(2) 断 面 力

壁頂から x の高さにおけるたて壁に作用する土圧の水平成分を付図 11 に示す．

$$\begin{aligned} q_x &= \gamma_s x \times 1 \times K_H + q \times 1 \times K_H \\ &= 19\,x \times 0.279 + 10 \times 0.279 \\ &= 5.301\,x + 2.79 \text{ kN/m} \end{aligned}$$

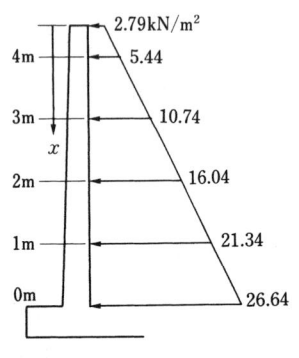

付図 11 たて壁に作用する一般荷重時土圧の水平成分

たて壁に作用するせん断力および曲げモーメントは

$$S_x = 5.301 \times \frac{x^2}{2} + 2.79\, x$$

$$S_{\max} = 66.24 \text{ kN} \quad (x = 4.5 \text{ m})$$

$$M_x = 5.301 \times \frac{x^3}{6} + 2.79 \times \frac{x^2}{2}$$

$$M_{\max} = 108.76 \text{ kN·m} \quad (x = 4.5 \text{ m})$$

5.2 地 震 時

(1) 土圧の計算

たて壁背面に作用する地震時の土圧の計算は，3.3(2)と同様に計算する（計算省略）．最大主働土圧合力を与えるすべり角は，$\omega = 50°$ となる．

$\omega = 50°$ における設計主働土圧合力の水平および鉛直成分は

$$K_H = \frac{\cot 50° \sin(50° - 30° + 6.84°)\cos(0° + 15.0°)}{\cos 6.84° \cos(50° - 30° - 0° - 15.0°)} = 0.370$$

$$K_V = \frac{\cot 50° \sin(50° - 30° + 6.84°)\sin(0° + 15.0°)}{\cos 6.84° \cos(50° - 30° - 0° - 15.0°)} = 0.099$$

$$P_H = \frac{1}{2} \times 19 \times 4.5^2 \times 0.370 = 71.18 \text{ kN}$$

$$P_V = \frac{1}{2} \times 19 \times 4.5^2 \times 0.099 = 19.05 \text{ kN}$$

設計主働土圧の作用位置 $\quad y = \dfrac{H}{3} = \dfrac{4.500}{3} = 1.500 \text{ m}$

(2) 地震時慣性力

たて壁の質量に対して，地震時に水平方向の慣性力が作用する．

全慣性力 $\quad P_H = \dfrac{(b_4 + b_2)H}{2\gamma_c k_h}$

$$= (0.35 + 0.44) \times \frac{4.5}{2} \times 24.5 \times 0.12 = 5.23 \text{ kN}$$

作用高さ　　$y = \dfrac{H}{3} \times \dfrac{2b_4 + b_2}{b_4 + b_2}$

$ = \dfrac{4.5}{3} \times \dfrac{2 \times 0.35 + 0.44}{0.35 + 0.44} = 2.165 \text{ m}$

(3) 断面力

たて壁に作用する地震時の土圧合力の水平成分は，壁頂から x の位置において

$q_x = \gamma_s x \times 1 \times K_H$

$ = 19 \times x \times 0.370 = 7.030\, x \text{ kN/m}$

たて壁に作用する地震力は，壁頂から x の位置において

$P_x = (0.35 + 0.09\, x/4.5) \times 1 \times \gamma_c k_h$

$ = 0.0588\, x + 1.029$

壁頂から x の位置におけるせん断力および曲げモーメントは，付図12を参照して

$S_x = 7.030 \times \dfrac{x^2}{2} + 0.35 \gamma_c k_h x + \dfrac{0.09}{4.5} \times \gamma_c k_h \times \dfrac{x^2}{2}$

$ = 3.54\, x^2 + 1.03\, x$

$S_{\max} = 76.32 \text{ kN} \quad (x = 4.5 \text{ m})$

$M_x = 3.54 \times \dfrac{x^3}{3} + 1.03 \times \dfrac{x^2}{3}$

$ = 117.96 \text{ kN·m} \quad (x = 4.5 \text{ m})$

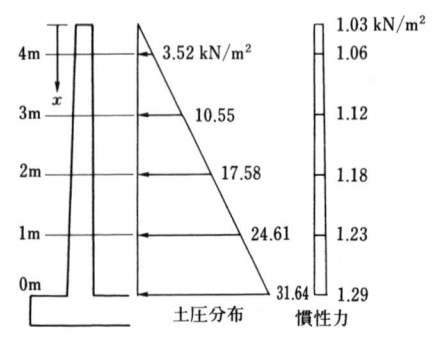

付図12　たて壁に作用する地震時土圧および慣性力の水平成分

5.3 断面力の集計

一般荷重時および地震時の断面力を，付表10に集計して示す．設計断面は，たて壁の固定端a-a断面となる．

付表10 たて壁の断面力（幅1m当たり）

壁下端からの距離 H	曲げモーメント M_x (kN·m)		せん断力 S_x (kN)	
	一般荷重時	地震時	一般荷重時	地震時
4	0.46	0.28	2.06	1.40
3	6.12	5.14	10.15	9.51
2	22.52	21.66	23.54	24.70
1	54.97	56.90	42.29	46.97
0	108.76	117.96	66.23	76.32

5.4 断面の算定

地震時の断面力は一般荷重時よりも大きいので，地震時の断面力に対して設計すればよい．

設計曲げモーメント　　$M_d = 117.96$ kN·m

設計せん断力　　　　　$S_d = 76.32$ kN

たて壁は，背面が引張側となる．断面の有効高さを340 mmと仮定し（付図13），所要の鉄筋量を試算した結果，引張鉄筋として，D19を125 mm間隔に配置する．

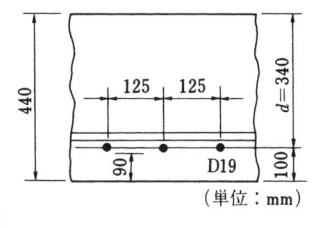

$$A = \frac{286.5 \times 1\,000}{125} = 2\,292 \text{ mm}^2$$

付図13 たて壁固定端の断面

5.5 安全性の照査

（1）設計断面力

たて壁の固定部（$x = 4.5$ m）における断面力の公称値に，安全係数を乗じて設計断面力を求める．

a. 一般荷重時

$$S_d = \Sigma \gamma_f \rho_f S_i$$

$$= \frac{1.2 \times 1.0 \times 5.301 \times 4.5^2}{2} + 1.2 \times 2.0 \times 2.79 \times 4.5$$

$$= 94.54 \text{ kN}$$

$$M_d = \frac{1.2 \times 1.0 \times 5.301 \times 4.5^3}{6} + \frac{1.2 \times 2.0 \times 2.79 \times 4.5^2}{2}$$

$$= 164.41 \text{ kN} \cdot \text{m}$$

b. 地震時

$$S_d = 1.2 \times 1.0 \times 7.030 \times \frac{4.5^2}{2}$$

$$+ 1.0 \times 1.0 \times \left(0.35 \times 4.5 + \frac{0.09}{4.5} \times \frac{4.5^2}{2}\right) \times 24.5 \times 0.12$$

$$= 90.64 \text{ kN}$$

$$M_d = 1.2 \times 1.0 \times 7.030 \times \frac{4.5^3}{6}$$

$$+ 1.0 \times 1.0 \times \left(\frac{0.35 \times 4.5^2}{2} + \frac{0.09}{4.5} \times \frac{4.5^3}{6}\right) \times 24.5 \times 0.12$$

$$= 139.43 \text{ kN}$$

たて壁の断面力は一般荷重時のほうが大きいので，設計断面力は

$$S_d = 94.54 \text{ kN}, \quad M_d = 164.41 \text{ kN} \cdot \text{m}$$

(2) **断面破壊の終局状態の検討**

a. **曲げモーメントに対する照査**

付図14に示す単鉄筋長方形ばりとして応力を計算する．

$$p_b = \frac{0.68 \varepsilon'_{cu}}{\varepsilon'_{cu} + \dfrac{f_{yd}}{E_s}} \times \frac{f'_{cd}}{f_{yd}}$$

$$= \frac{0.68 \times 0.0035}{0.0035 + \dfrac{295}{200 \times 10^3}} \times \frac{16.2}{295} = 0.0263$$

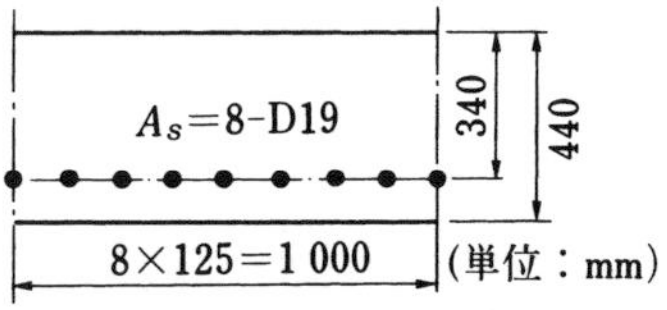

付図14 たて壁の設計断面

$A_s = 8\text{-D19}$, $8 \times 125 = 1\,000$, 340, 440 （単位：mm）

$$p = \frac{A_s}{bd} = \frac{2\,292}{1\,000 \times 340} = 0.00674 \qquad \therefore 0.002 \leqq p \leqq 0.75\, p_b = 0.02$$

$$M_{ud} = \frac{p f_{yd} bd^2 \left(1 - 0.59 \dfrac{p f_{yd}}{f'_{cd}}\right)}{\gamma_b}$$

$$= \frac{0.0067 \times 295 \times 1\,000 \times 340^2 \times \left(1 - 0.59 \times \dfrac{0.0067 \times 295}{16.2}\right)}{1.15}$$

$$= \frac{212.04}{1.15} = 184.38 \text{ kN·m}$$

設計曲げモーメントは，一般荷重時で $M_d = 164.41$ kN·m であるので

$$\gamma_i \frac{M_d}{M_{ud}} = \frac{1.1 \times 164.41}{184.38} = 0.98 < 1.0 \qquad \text{OK}$$

たて壁の設計断面曲げ耐力は，設計断面曲げモーメントに対して十分な安全度を有している．

b. せん断力に対する照査

たて壁のせん断耐力は，棒部材のせん断耐力式を用い，また部材高さ（厚さ）の変化は小さいので，一様断面として計算する．

$$V_{yd} = V_{cd} + V_{sd}, \qquad V_{cd} = \frac{\beta_d \beta_p \beta_n f_{vcd} b_w d}{\gamma_b}$$

ここに，$f_{vcd} = 0.20 \times \sqrt[3]{f'_{cd}} = 0.20 \times \sqrt[3]{16.2} = 0.51$ N/mm², $\beta_d = \sqrt[4]{1/d} = \sqrt[4]{1/0.34} = 1.31$, $\beta_p = \sqrt[3]{100\,p_w} = \sqrt[3]{100 \times 0.00674} = 0.877$, $\beta_n = 1.0$（軸方向力なし），$b_w = 1\,000$ mm, $d = 340$ mm, $\gamma_b = 1.3$．せん断補強鋼材によるせん断耐力 V_{sd} を無視する．

$$V_{cd} = \frac{1.31 \times 0.877 \times 1.0 \times 0.51 \times 1\,000 \times 340}{1.3} = \frac{199.21 \times 10^3}{1.3}$$

$$= 153.24 \text{ kN}$$

設計せん断力は，一般荷重時で $S_d = 94.54$ kN であるので

$$\therefore \gamma_i \frac{S_d}{V_{cd}} = 1.1 \times \frac{94.5}{153.24} = 0.68 < 1.0 \qquad \text{OK}$$

たて壁の設計せん断耐力は，設計せん断力に対して十分な安全度を有している．

5.6 ひび割れ幅の照査

一般荷重時のひび割れ幅に関する照査は，永久荷重と変動荷重のひび割れに対する影響を考慮して，設計荷重は次式の係数 k_2 を 0.5 とし，荷重係数および安全係数は 1.0 として検討する．

設計曲げモーメント $\quad M_d = M_p + k_2 M_l$

$$= 5.301 \times \frac{x^3}{6} + 0.5 \times 2.79 \times \frac{x^2}{2}$$

$$= 5.301 \times \frac{4.5^3}{6} + 0.5 \times 2.79 \times \frac{4.5^2}{2} = 94.63 \text{ kN·m}$$

ひび割れ幅の検討に用いる鉄筋応力は，ひび割れ発生からの応力の増加量でよいが，設計曲げモーメントに対する値を計算する．

$$E_c = 23.5 \text{ kN/mm}^2, \ n = \frac{200}{23.5} = 8.51, \ p = 0.00674, \ k = 0.286, \ j = 0.981,$$

$$\sigma_{se} = \frac{M_d}{p\,j\,b\,d^2}$$

$$= \frac{94.63 \times 10^6}{0.00674 \times 0.981 \times 1\,000 \times 340^2} = 124 \text{ N/mm}^2$$

曲げひび割れ幅 $\quad w = k_1 [4c + 0.7(c_s - \phi)] \times \left(\dfrac{\sigma_{se}}{E_s} + \varepsilon'_{csd} \right)$

$$= 1.0 \times [4 \times 90 + 0.7(125 - 19)] \left(\frac{124}{200 \times 10^3} + 150 \times 10^{-6} \right)$$

$$= 0.33 \text{ mm}$$

ひび割れ幅の限界値 $\quad w_a = 0.005\,c = 0.005 \times 90 = 0.45 \text{ mm}$

$$\therefore w = 0.33 < w_a = 0.45 \text{ mm} \qquad \text{OK}$$

一般に，鉄筋応力度の永久荷重による増加量が 120 N/mm^2 以下であれば，ひび割れ幅の検討を行わなくてもよく，本設計の場合，一般荷重時における鉄筋応力は 124 N/mm^2 でひび割れ幅の増大のおそれも少ない．

5.7 鉄筋の定着

たて壁の引張鉄筋の 1/2 が不要となる位置は，設計曲げモーメントが 1/2 となる位置から定めれば（付表 11 および付図 15），壁固定端から $x = 1.05$ m であり，その断面の有効高さだけ離れた位置（$1.05 + 0.32 = 1.37$ m）を起点として所定の定着長を計算する．

付表 11　鉄筋量を 1/2 にしたときの各断面の応力

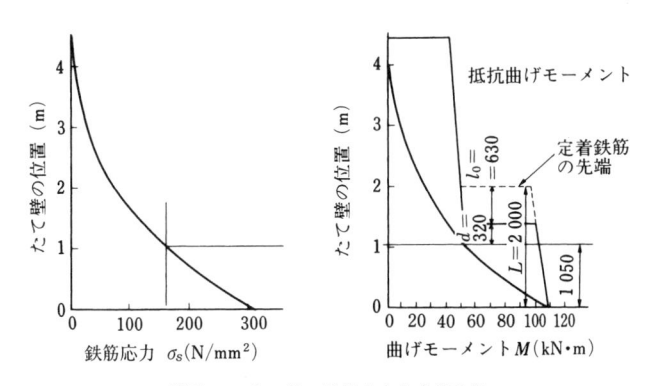

		①	②	③	④	⑤
下端からの距離	(m)	0	1	2	3	4
曲げモーメント M	(kN·m)	108.76	54.97	22.52	6.12	0.46
壁厚 h	(mm)	440	420	400	380	360
有効高さ d	(mm)	340	320	300	280	260
鉄筋量 A_s	(mm^2)	1146	1146	1146	1146	1146
$p = A_s/bd$		0.00337	0.00358	0.00382	0.00409	0.00441
k		0.271	0.278	0.286	0.294	0.303
j		0.910	0.907	0.905	0.902	0.899
$\sigma_s = M/A_s jd$	(N/mm^2)	307	165	72	21	2

付図 15　たて壁の鉄筋応力と定着位置

$$l_d = \frac{\alpha f_{yd}}{4 f_{bod}} \times \phi$$

ここに，ϕ：鉄筋径（$= 19$ mm），f_{yd}：鉄筋の設計引張強度（$= 295$ N/mm^2），f_{bod}：設計付着強度（$= 0.28 \times f_{ck}'^{2/3}/\gamma_c = 0.28 \times 16.2^{2/3}/1.3 = 1.38$ N/mm^2），c：主鉄

筋のかぶり 90 mm と鉄筋のあきの 1/2（((125 − 19) /2 = 53 mm）の小さいほう（= 53 mm），A_t：横方向鉄筋の断面積（= 126.7 mm², D13），s：横方向鉄筋の中心間隔（= 250 mm）．

$$k_c = \frac{c}{\phi} + \frac{15A_t}{s\phi} = \frac{53}{19} + \frac{15 \times 126.7}{250 \times 19} = 3.19, \quad \text{よって } \alpha = 0.6$$

$$l_d = \frac{0.6 \times 295}{4 \times 1.38} \times 19 = 609 \text{ mm}$$

したがって，定着する鉄筋の全長は 1.37 + 0.61 = 1.98 m あればよく，2.00 m の位置とする．この断面におけるせん断耐力および曲げ耐力ともに十分な余裕がある．

6. つま先部の設計

つま先部は，たて壁との接合部を固定端とする片持ちばりとして設計する．つま先部に作用する外力は，上向きの地盤反力と下向きのつま先部自重を考慮し，つま先部上部の土の重量は無視する．

6.1 断　面　力

付図 16 に示すように，安定計算で求めた地盤反力を用いて断面力を求める（付表 12）．

6.2 断面の算定

つま先版は版の長さが短く，また支点近傍ではアーチ的耐荷機構が卓越するため，一般にせん断破壊を生じにくい．したがって，せん断に対する設計断面は，部材高さの 1/2 だけ離れた断面（= 0.250 m）とする．地震時の断面力は，一般荷重時よりも大きいので，地震時の断面力に対して設計すればよい（付表 12）．

設計曲げモーメント　$M_d = 26.08$ kN·m　（$x = 0.0$ m）

設計せん断力　$S_d = \dfrac{83.92 \times (0.600 - 0.250)}{0.600} = 48.95$ kN　（$x = 0.25$ m）

つま先部は，底版下面が引張側となる．$h = 500$ mm に対して $d = 400$ mm として鉄筋量を試算する．

6. つま先部の設計

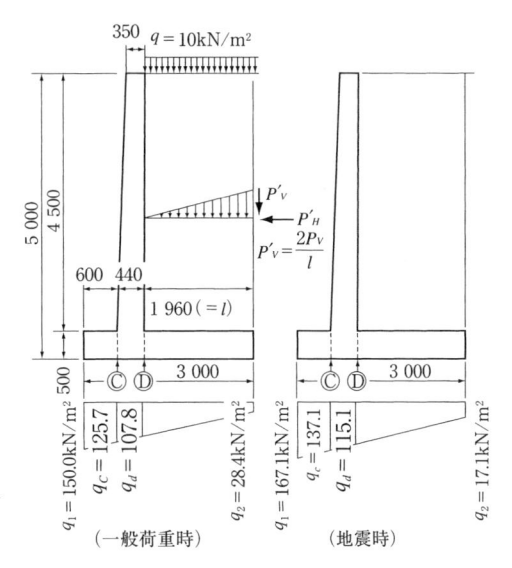

付図 16 地盤反力

付表 12 つま先部固定端の断面力（幅 1m 当たり）

項目	一般荷重時			地震時		
	せん断力 S (kN)	重心までの距離 y (m)	曲げモーメント M (kN·m)	せん断力 S (kN)	重心までの距離 y (m)	曲げモーメント M (kN·m)
つま先の自重	−7.35	0.300	−2.21	−7.35	0.300	−2.21
地盤反力	82.71	0.309	25.55	91.26	0.310	28.29
合計	75.34	−	23.34	83.92	−	26.08

たて壁の配筋および最小鉄筋比として0.2％を考慮し，引張鉄筋としてD16を125 mm 間隔に配置する．

$$A_s = \frac{198.6 \times 1\,000}{125} = 1\,589 \text{ mm}^2$$

6.3 安全性の照査

a. 曲げモーメントに対する照査

$$p_b = \frac{0.68\varepsilon'_{cu}}{\varepsilon'_{cu} + \dfrac{f_{yd}}{E_s}} \times \frac{f'_{cd}}{f_{yd}}$$

$$= \frac{0.68 \times 0.0035}{0.0035 + \dfrac{295}{200 \times 10^3}} \times \frac{16.2}{295} = 0.0263$$

$$p = \frac{A_s}{bd} = \frac{2\,292}{1\,000 \times 500} = 0.00318 \qquad \therefore 0.002 \leq p \leq 0.75\,p_b = 0.02$$

$$M_{ud} = \frac{p\,f_{yd}\,b\,d^2\left(1 - 0.59\,\dfrac{p\,f_{yd}}{f'_{cd}}\right)}{\gamma_b}$$

$$= \frac{0.00318 \times 295 \times 1\,000 \times 500^2 \times \left(1 - 0.59 \times \dfrac{0.00318 \times 295}{16.2}\right)}{1.15}$$

$$= \frac{234\,525 \times 0.942}{1.15} = 220\,944\ \text{kN}\cdot\text{m}$$

設計曲げモーメントは，地震時で $M_d = 26.08\ \text{kN}\cdot\text{m}$ であるので

$$\gamma_i \frac{M_d}{M_{ud}} = \frac{1.1 \times 26.08}{220\,944} = 0.00013 < 1.0 \qquad \text{OK}$$

つま先部の設計断面曲げ耐力は，設計断面曲げモーメントに対して十分な安全性を有している．

b. せん断力に対する照査

つま先部のせん断耐力は，棒部材のせん断耐力式を用いて計算する．

$$V_{yd} = V_{cd} + V_{sd}, \qquad V_{cd} = \frac{\beta_d\,\beta_p\,\beta_n\,f_{vcd}\,b_w\,d}{\gamma_b}$$

ここに，$f_{vcd} = 0.20 \times \sqrt[3]{f'_{cd}} = 0.20 \times \sqrt[3]{16.2} = 0.51\ \text{N/mm}^2$, $\beta_d = \sqrt[4]{1/d} = \sqrt[4]{1/0.4} = 1.71$, $\beta_p = \sqrt[3]{100 p_w} = \sqrt[3]{100 \times 0.00397} = 0.735$, $\beta_n = 1.0$ （軸方向力なし），$b_w = 1\,000\ \text{mm}$, $d = 400\ \text{mm}$, $\gamma_b = 1.3$. せん断補強鋼材によるせん断耐力 V_{sd} を無視する．

$$V_{cd} = \frac{1.71 \times 0.735 \times 1.0 \times 0.51 \times 1\,000 \times 400}{1.3} = \frac{256.4 \times 10^3}{1.3}$$

$$= 197.2\ \text{kN}$$

$$\therefore \gamma_i \frac{S_d}{V_{cd}} = 1.1 \times \frac{83.92}{197.2} = 0.47 < 1.0 \qquad \text{OK}$$

せん断破壊に対して十分な安全性を有している．

7. かかと部の設計

7.1 断 面 力

かかと部は，つま先部と同様にたて壁との接合部を固定端とする片持ちばりとして設計する．かかと部に作用する外力は，かかと部上の土の重量，地表面の上載荷重，かかと部の自重および地盤反力を考慮する．土圧の鉛直成分は，これと等価な三角形分布の土圧に置き換える．土圧の鉛直成分の等価応力分布（付図 17）の底版端部における値は

一般荷重時： $P'_v = \dfrac{2P_v}{l} = \dfrac{2 \times 24.21}{1.96} = 24.70$ kN

地 震 時： $P'_v = \dfrac{2 \times 19.05}{1.96} = 19.44$ kN

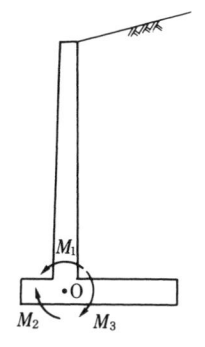

付図 17 各片持ちスラブに作用する曲げモーメント

付表 13 かかと部固定端の断面力（幅 1 m 当たり）

項目	一般荷重時			地震時		
	せん断力 S (kN)	重心までの距離 y (m)	曲げモーメント M (kN·m)	せん断力 S (kN)	重心までの距離 y (m)	曲げモーメント M (kN·m)
かかと部自重	24.01	0.980	23.53	24.01	0.980	23.53
土砂の自重	167.58	0.980	164.23	167.58	0.980	164.23
上載荷重	19.60	0.980	19.21	0.0	—	—
土圧鉛直成分	24.21	1.307	31.64	9.05	1.307	24.90
地盤反力	−133.44	0.789	−105.28	−129.62	0.738	−95.66
合計	101.96	—	133.33	81.02	—	117.00

倒立Ｔ形擁壁のそれぞれの片持ちスラブに作用する曲げモーメントの間には，付図 17 のＯ点まわりに次の関係が成立する．

$$M_1 = M_2 + M_3$$

ここに，M_1：たて壁の固定端曲げモーメント，M_2：つま先部の固定端曲げモーメント，M_3：かかと部の固定端曲げモーメント．

かかと部の曲げモーメントがたて壁の曲げモーメントより大きくなった場合

($M_3 > M_1$) には，かかと部の設計曲げモーメントには，たて壁の値を用いる．

一般荷重時：$M_3 = 133.33 > M_1 = 108.76$ kN・m
地　震　時：$M_3 = 117.00 < M_1 = 117.96$ kN・m

7.2 断面の算定

かかと部固定端の断面は，たて壁の設計曲げモーメント M_1，設計せん断力はかかと部の値を用いて計算する．

設計曲げモーメント　　$M_d = 108.76$ kN・m
設計せん断力　　　　　$S_d = 101.96$ kN

かかと部は，底版上面が引張側となる．$h = 500$ mm に対して $d = 400$ mm として鉄筋量を試算する．

たて壁の配筋を考慮して，D19 を 125 mm 間隔に配置する．

$$A_s = \frac{286.5 \times 1\,000}{125} = 2\,292 \text{ mm}^2$$

7.3 安全性の照査

かかと部固定端の応力を単鉄筋長方形ばりとして，設計断面曲げ耐力を計算する．

$$p_b = \frac{0.68 \times 0.0035}{0.0035 + \dfrac{295}{200 \times 10^3}} \times \frac{21}{295} = 0.0341$$

$$p = \frac{2\,292}{1\,000 \times 400} = 0.0057 \qquad 0.002 \leq p \leq 0.75\,p_b$$

$$M_{ud} = \frac{p f_{yd} b d^2 \left(1 - 0.59 \dfrac{p f_{yd}}{f'_{cd}}\right)}{\gamma_b}$$

$$= \frac{0.0057 \times 295 \times 1\,000 \times 500^2 \times \left(1 - 0.59 \times \dfrac{0.0057 \times 295}{16.2}\right)}{1.15}$$

$$= \frac{420\,375 \times 0.939 \times 10^3}{1.15} = 394\,732 \text{ kN·m}$$

地震時に M_d = 117.00 kN·m であるので，かかと部の設計断面曲げ耐力は，設計曲げモーメントに対して十分な安全性を有している．

8. 構 造 細 目

8.1 用 心 鉄 筋

コンクリートの乾燥収縮およびひび割れに対する用心のため，たて壁前面に用心鉄筋を配置する．通常，壁の高さ1m当たり断面500 mm^2 以上の鉄筋を，中心間隔300mm以下に配置する．

鉄筋 D13 を中心間隔 250 mm に配置することにする．

$$A_s = \frac{126.7 \times 1\,000}{250} = 507 \text{ mm}^2$$

8.2 配 力 鉄 筋

たて壁，底版ともに，主鉄筋の働きを効果的にするため，その直角方向に主鉄筋量の 1/6 以上の配力鉄筋を配置する．

 たて壁の主鉄筋 D19 − 125c.t.c. = 2 292 mm^2
 つま先部の主鉄筋 D16 − 125c.t.c. = 1 589 mm^2
 かかと部の主鉄筋 D19 − 125c.t.c. = 2 292 mm^2

たて壁の配力鉄筋は D13 を 250 mm 間隔に，底版の配力鉄筋は D13 を 300 mm 間隔に配置すればよい．

8.3 排 水 工

(1) 背面排水工

裏込め土砂内の排水を容易とするため，付図18に示すように壁頂部付近から鉛直溝形排水工を 4～5 m 間隔に設け，擁壁の全長にわたる水平溝形排水工を底部に設ける．

付図 18　排水工

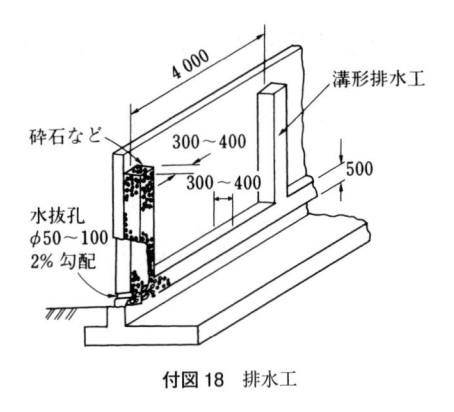

(2) 水 抜 工

擁壁背面に集まった水を排出する水抜工は，鉛直溝形排水工と水平溝形排水工の交点に設ける．水抜孔は，直径 50〜100 mm の硬質塩化ビニル管を 2% 程度の勾配でたて壁に埋め込む．

断面図

たて壁　前面｜背面

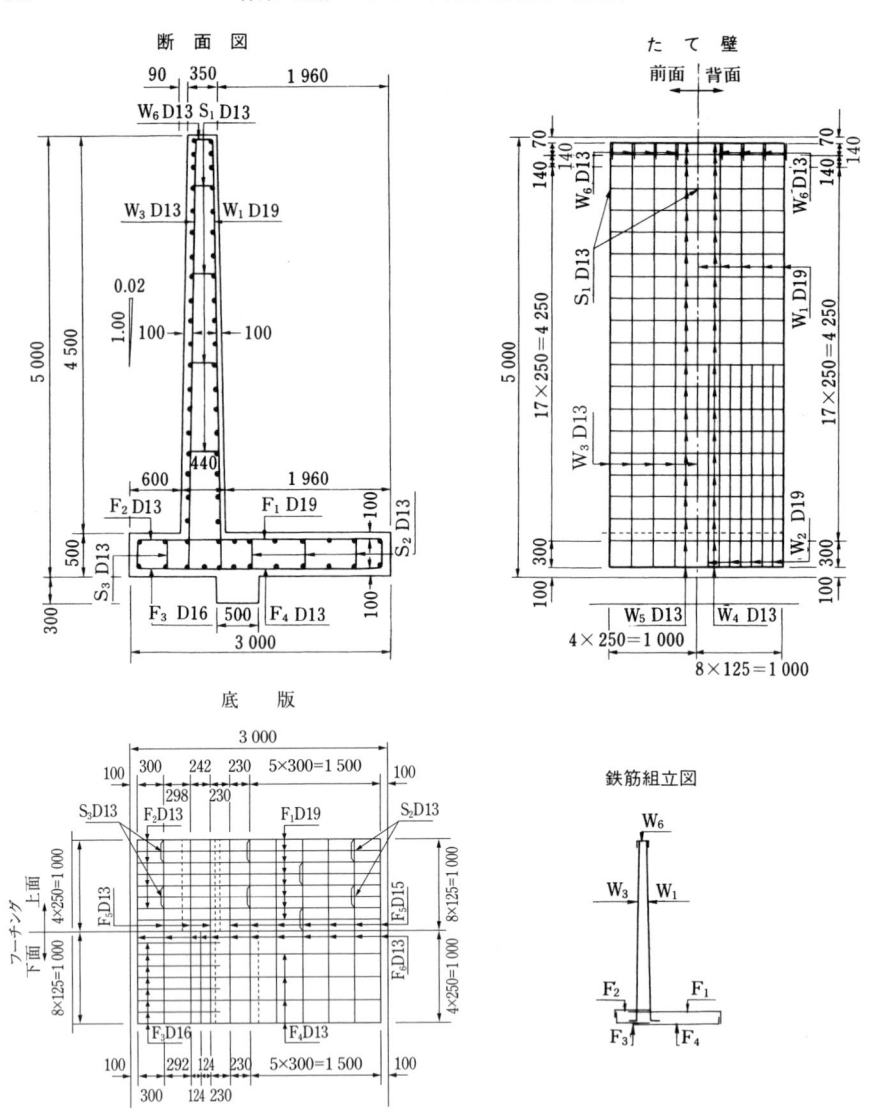

底版

鉄筋組立図

倒立T形擁壁の配筋図

配 筋 図

鉄筋加工表（1m当り）

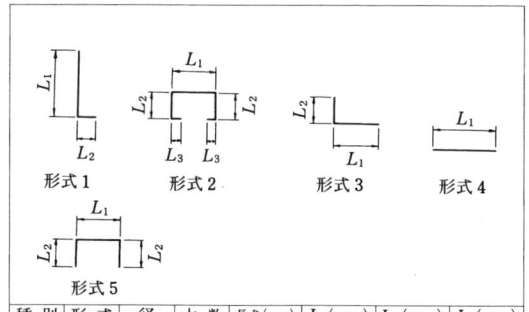

形式1　形式2　形式3　形式4　形式5

種別	形式	径	本数	長さ(mm)	L_1(mm)	L_2(mm)	L_3(mm)
W_1	1	D19	4	5 130	4 830	296	
W_2	1	D19	4	2 696	2 400	296	
W_3	1	D13	4	5 030	4 831	198	97
W_4	4	D13	20	1 000	1 000		
W_5	4	D13	20	1 000	1 000		
W_6	5	D13	4	610	210	200	
F_1	3	D19	8	2 770	2 465	300	
F_2	3	D13	4	1 160	955	198	
F_3	3	D16	8	1 330	1 030	300	
F_4	3	D13	4	2 530	2 330	198	
F_5	4	D13	7	1 000	1 000		
F_6	4	D13	14	1 000	1 000		
S_1	5	D13	8	520	259	376	100
S_2	2	D13	6	1 140	282	329	100
S_3	2	D13	2	1 140	279	328	100

鉄筋重量表（1m当り）

種別	径	長さ(mm)	本数	単位重量(kgf/m)	1本当り重量(kgf)	重量(kgf)	摘要
W_1	D19	5 130	4	2.25	11.543	46.172	⌐
W_2	D19	2 696	4	2.25	6.066	24.264	⌐
W_3	D13	5 030	4	0.995	5.005	20.020	⌐
W_4	D13	1 000	20	0.995	0.995	19.900	—
W_5	D13	1 000	20	0.995	0.995	19.900	—
W_6	D13	610	4	0.995	0.607	2.428	⊓
F_1	D19	2 770	8	2.25	6.233	49.864	⌐
F_2	D13	1 160	4	0.995	1.154	4.616	⌐
F_3	D16	1 330	8	1.56	2.075	16.600	⌐
F_4	D13	2 530	4	0.995	2.517	10.068	⌐
F_5	D13	1 000	7	0.995	0.995	6.965	—
F_6	D13	1 000	14	0.995	0.995	13.930	—
S_1	D13	520	8	0.995	0.517	4.136	⊓
S_2	D13	1 140	6	0.995	1.134	6.804	⊐
S_3	D13	1 140	2	0.995	1.134	2.268	⊏

材料表（1m当り）

種別		単位	数量	摘要
コンクリート	たて壁	m^3	1.913	
	底版	m^3	1.500	
	突起	m^3	0.150	
	計	m^3	3.563	
型わく	たて壁	m^2	9.001	
	底版	m^2	1.000	
	端型わく	m^2		3.413
	計	m^2	10.001	
鉄筋	D19	kgf	120.300	
	D16	kgf	16.600	
	D13	kgf	111.035	
	計	kgf	247.935	

表A 丸鋼の断面積

径(mm)	単位重量(N/m)	断面積(mm²)								
		1本	2本	3本	4本	5本	6本	7本	8本	9本	10本
6	2.18	28.27	56.55	84.82	113.1	141.4	169.6	197.9	226.2	254.5	282.7
7	2.96	38.48	76.97	115.5	153.9	192.4	230.9	269.4	307.9	346.4	384.8
8	3.87	50.27	100.5	150.8	201.1	251.3	301.6	351.9	402.1	452.4	502.7
9	4.89	63.62	127.2	190.9	254.5	318.1	381.7	445.3	508.9	572.6	636.2
10	6.05	78.54	157.1	235.6	314.2	392.7	471.2	549.8	628.3	706.9	785.4
11	7.32	95.03	190.1	285.1	380.1	475.2	570.2	665.2	760.3	855.3	950.3
12	8.71	113.1	226.2	339.3	452.4	565.5	678.6	791.7	904.8	1 018	1 131
13	10.2	132.7	265.5	398.2	530.9	663.7	796.4	929.1	1 062	1 195	1 327
(14)	11.9	153.9	307.9	461.8	615.8	769.7	923.6	1 078	1 232	1 385	1 539
16	15.5	201.1	402.1	603.2	804.2	1 005	1 206	1 407	1 608	1 810	2 011
(18)	19.6	254.5	508.9	763.4	1 018	1 272	1 527	1 781	2 036	2 290	2 545
19	21.9	283.5	567.1	850.6	1 134	1 418	1 701	1 985	2 268	2 552	2 835
20	24.2	314.2	628.3	942.5	1 257	1 571	1 885	2 199	2 513	2 827	3 142
22	29.2	380.1	760.3	1 140	1 521	1 901	2 281	2 661	3 041	3 421	3 801
24	34.8	452.4	904.8	1 357	1 810	2 262	2 714	3 167	3 619	4 072	4 524
25	37.8	490.9	921.7	1 473	1 963	2 454	2 945	3 436	3 927	4 418	4 909
(27)	44.0	572.6	1 145	1 718	2 290	2 863	3 435	4 008	4 580	5 153	5 726
28	47.4	615.8	1 232	1 847	2 463	3 079	3 695	4 310	4 926	5 542	6 158
30	54.4	706.9	1 414	2 121	2 827	3 534	4 241	4 948	5 655	6 362	7 069
32	61.9	804.2	1 608	2 413	3 217	4 021	4 825	5 630	6 434	7 238	8 042

(注) ( )は標準径外

表C 異形棒鋼の断面積

呼び名	公称直径 d (mm)	単位重量 (N/m)	公称断面積 S (mm²)	断面積(mm²)							
				2本	3本	4本	5本	6本	7本	8本	9本	10本
D 6	6.35	2.44	31.67	63.34	95.01	126.7	158.3	190.0	221.7	253.4	285.0	316.7
D 10	9.53	5.49	71.33	142.7	214.0	285.3	356.7	428.0	499.3	570.6	642.0	713.3
D 13	12.7	9.76	126.7	253.4	380.0	506.7	633.4	760.1	886.7	1 013	1 140	1 267
D 16	15.9	15.3	198.6	397.1	595.7	794.2	992.8	1 191	1 390	1 588	1 787	1 986
D 19	19.1	22.1	286.5	573.0	859.6	1 146	1 433	1 719	2 006	2 292	2 579	2 865
D 22	22.2	29.8	387.1	774.2	1 161	1 548	1 935	2 322	2 710	3 097	3 484	3 871
D 25	25.4	39.0	506.7	1 013	1 520	2 027	2 534	3 040	3 547	4 054	4 560	5 067
D 29	28.6	49.4	642.4	1 285	1 927	2 570	3 212	3 855	4 497	5 139	5 782	6 424
D 32	31.8	61.1	794.2	1 588	2 383	3 177	3 971	4 765	5 560	6 354	7 148	7 942
D 35	34.9	73.6	956.6	1 913	2 870	3 826	4 783	5 740	6 696	7 653	8 610	9 566
D 38	38.1	87.8	1 140	2 280	3 420	4 560	5 700	6 841	7 981	9 121	10 261	11 401
D 41	41.3	103	1 340	2 679	4 019	5 359	6 698	8 038	9 378	10 717	12 057	13 396
D 51	50.8	156	2 027	4 054	6 080	8 107	10 134	12 161	14 188	16 215	18 241	20 268

表B 丸鋼の周長

径(mm)	1本	2本	3本	4本	5本	6本	7本	8本	9本	10本
6	18.85	37.70	56.55	75.40	94.25	113.1	131.9	150.8	169.6	188.5
7	21.99	43.98	65.97	87.96	110.0	131.9	153.9	175.9	197.9	219.9
8	25.13	50.27	75.40	100.5	125.7	150.8	175.9	201.1	226.2	251.3
9	28.27	56.55	84.82	113.1	141.4	169.6	197.9	226.2	254.5	282.7
10	31.42	62.83	94.25	125.7	157.1	188.5	219.9	251.3	282.7	314.2
11	34.56	69.12	103.7	138.2	172.8	207.3	241.9	276.5	311.0	345.6
12	37.70	75.40	113.1	150.8	188.5	226.2	263.9	301.6	339.3	377.0
13	40.84	81.68	122.5	163.4	204.2	245.0	285.9	326.7	367.6	408.4
(14)	43.98	87.96	131.9	175.9	219.9	263.9	307.9	351.9	395.8	439.8
16	50.27	100.5	150.8	201.1	251.3	301.6	351.9	402.1	452.4	502.7
(18)	56.55	113.1	169.6	226.2	282.7	339.3	395.8	452.4	508.9	565.5
19	59.69	119.4	179.1	238.8	298.5	358.1	417.8	477.5	537.2	596.9
20	62.83	125.7	188.5	251.3	314.2	377.0	439.8	502.7	565.5	628.3
22	69.12	138.2	207.3	276.5	345.6	414.7	483.8	552.9	622.0	691.2
24	75.40	150.8	226.2	301.6	377.0	452.4	527.8	603.2	678.6	754.0
25	78.54	157.1	235.6	314.2	392.7	471.2	549.8	628.3	706.9	785.4
(27)	84.82	169.6	254.5	339.3	424.1	508.9	593.8	678.6	763.4	848.2
28	87.96	175.9	263.9	351.9	439.8	527.8	615.8	703.7	791.7	879.6
30	94.25	188.5	282.7	377.0	471.2	565.5	659.7	754.0	848.2	942.5
32	100.5	201.1	301.6	402.1	502.7	603.2	703.7	804.2	904.8	1 005

(注) ( )は標準径外

表D 異形棒鋼の周長　　　(単位:mm)

呼び名	1本	2本	3本	4本	5本	6本	7本	8本	9本	10本
D 6	20	40	60	80	100	120	140	160	180	200
D 10	30	60	90	120	150	180	210	240	270	300
D 13	40	80	120	160	200	240	280	320	360	400
D 16	50	100	150	200	250	300	350	400	450	500
D 19	60	120	180	240	300	360	420	480	540	600
D 22	70	140	210	280	350	420	490	560	630	700
D 25	80	160	240	320	400	480	560	640	720	800
D 29	90	180	270	360	450	540	630	720	810	900
D 32	100	200	300	400	500	600	700	800	900	1 000
D 35	110	220	330	440	550	660	770	880	990	1 100
D 38	120	240	360	480	600	720	840	960	1 080	1 200
D 41	130	260	390	520	650	780	910	1 040	1 170	1 300
D 51	160	320	480	640	800	960	1 120	1 280	1 440	1 600

索　　引

あ行

アーム長 …………………………… *43*
あき（鉄筋の）…………………… *131*
圧着継手 …………………………… *122*
安全係数 …………………………… *6*
安全性 ……………………………… *8*

異形鉄筋 …………………………… *22*
一方向スラブ ……………………… *122*

ウエブ ……………………………… *44*

A活荷重 …………………………… *28*
永久荷重 …………………………… *25*
液状化 ……………………………… *108*
S−N曲線 ………………………… *97*
L荷重 ……………………………… *28*
塩害 ………………………………… *88*
エンクローズ溶接継手 …………… *122*

応力中心距離係数 ………………… *43*
応力−ひずみ曲線（コンクリートの）… *15*
　　　――（鉄筋の）………… *24*
押抜きせん断破壊 ………………… *79*
帯鉄筋柱 ………………… *70*, *121*
折曲鉄筋 ………………… *59*, *76*

か行

外観 ………………………………… *90*

核 …………………………………… *46*
拡散係数 …………………………… *89*
核半径 ……………………………… *46*
重ね継手 …………………………… *137*
荷重係数 …………………………… *6*
荷重係数設計法 …………………… *5*
荷重修正係数 ……………………… *7*
ガス圧接継手 ……………………… *122*
風荷重 ……………………………… *27*
仮想ひび割れ理論 ………………… *16*
活荷重 ……………………………… *26*
かぶり（鉄筋の）………… *84*, *129*
乾燥収縮 …………………………… *19*

機械継手 …………………………… *122*
強度低減係数 ……………………… *63*
共役せん断力 ……………………… *49*
曲率半径 …………………………… *36*
許容応力度設計法 ………………… *4*

偶発荷重 …………………………… *25*
グッドマン線図 …………………… *98*
クリープひずみ …………………… *21*
群集荷重 …………………………… *29*

限界状態 …………………………… *3*
限界状態設計法 …………………… *3*, *6*

コア ………………………………… *46*
コア距離 …………………………… *46*
公称周長 …………………………… *23*
公称せん断応力 …………………… *75*

公称断面積	23
公称直径	23
構造解析係数	6
構造物係数	6
交番応力度	96
コーベル	75

さ行

載荷履歴曲線	110
材料係数	6
材料修正係数	7
支圧強度	14
死荷重	25
自己収縮	19
地震時動水圧	108
地震時保有水平耐力法	106
終局圧縮ひずみ	63
終局強度設計法	5
収縮	18
仕様規定	9
使用性	8
じん性率	112
震度法	106
水圧	26
水密性	90
スターラップ	59, 76, 136
スラブ	122
性能規定	9
性能照査型設計	9
性能設計	9
設計応答値	82
設計水平震度	108
設計耐用期間	7
せん断補強鉄筋	74

相互作用図	48, 73
塑性設計法	5
塑性率	112

た行

耐久性	8
耐震性	8
耐震性能	112
たわみ	92
弾性荷重	59, 92
弾性設計法	4
短柱	70
単鉄筋断面	41
断面耐力	6
断面力	6
中性化残り	89
中性化深さ	89
中立軸	35
中立軸位置係数	42
長柱	70
継手（鉄筋の）	137
釣合鉄筋比	66
釣合破壊	73
ディープビーム	75
T荷重	28
定着長（鉄筋の）	134
鉄筋比	42
土圧	26
等価応力ブロック	62
等価換算断面積	35
等価繰返し回数	102
特性長さ	17
突縁	44

トラスアナロジー……………………… 59

な行

斜め引張ひび割れ………………… 53, 58
斜めひび割れ…………………………… 74

二方向スラブ………………………… 122

熱拡散率………………………………… 17
熱伝導率………………………………… 17
熱膨張係数……………………………… 17

は行

破壊エネルギー………………………… 17
柱……………………………………… 46, 69
　――の長さ………………………………… 69
　――の有効長さ………………………… 69
腹鉄筋…………………………………… 75
波力……………………………………… 26

B活荷重………………………………… 28
引張軟化特性…………………………… 16
比熱……………………………………… 17
ひび割れ間隔…………………………… 85
ひび割れ幅……………………………… 86
疲労限界図……………………………… 97
疲労限度………………………………… 95
疲労損傷度…………………………… 101

複鉄筋断面……………………………… 41
腹部……………………………………… 44
部材係数………………………………… 6
腐食性環境……………………………… 83
フック………………………………… 133
フランジ………………………………… 44
フレア溶接…………………………… 138

平面保持の仮定…………………… 39, 55
平面保持の法則………………………… 35
変位……………………………………… 91
変形……………………………………… 91
変動荷重…………………………… 25, 95

ポアソン比（コンクリートの）… 15, 72
　　　　 （鉄筋の）………………… 24
細長比…………………………… 70, 121

ま行

マイナー則…………………………… 101
曲げ内半径…………………………… 133
曲げひび割れ強度……………………… 14
曲げひび割れ発生モーメント………… 56
曲げひび割れ幅………………………… 86
丸鋼……………………………………… 22

面取り………………………………… 139

や行

ヤング係数（コンクリートの）……… 15
　　　　 （鉄筋の）………………… 24
ヤング係数比…………………………… 34

有効材齢………………………………… 18
有効高さ………………………………… 40
有効弾性係数…………………………… 92
有効幅（はりの）…………………… 118
有効曲げ剛性…………………………… 92
雪荷重…………………………………… 27

要求性能………………………………… 9
用心鉄筋…………………………… 132, 139

ら行

らせん鉄筋柱……………………… 70, 121

累積損傷度………………………………… 101

$\sqrt{t}$ 則 …………………………………… 89

レベル1地震動 ……………………… 107

レベル2地震動 ……………………… 107

[第四版]
入門 鉄筋コンクリート工学

1990 年 9 月 20 日	1 版 1 刷	発行
1998 年 3 月 20 日	2 版 1 刷	発行
2004 年 5 月 20 日	3 版 1 刷	発行
2012 年 10 月 10 日	4 版 1 刷	発行

定価はカバーに表示してあります。

ISBN978-4-7655-1798-0 C3051

編著者 國府 勝郎（こくぶ かつろう）
著者　 伊藤 義也（いとう よしなり）
　　　 上野 敦（うえの あつし）

発行者 長 滋彦

発行所 **技報堂出版株式会社**

〒101-0051
東京都千代田区神田神保町1-2-5
電話 営業 (03) (5217) 0885
　　 編集 (03) (5217) 0881
FAX (03) (5217) 0886
振替口座 00140-4-10
http://gihodobooks.jp/

日本書籍出版協会会員
自然科学書協会会員
工学書協会会員
土木・建築書協会会員

Printed in Japan

Ⓒ Katsuro Kokubu, Yoshinari Ito and Atsushi Ueno, 2012

装幀　冨澤崇　　印刷・製本　三美印刷

落丁・乱丁はお取替えいたします。
本書の無断複写は，著作権法上での例外を除き，禁じられています。

関連図書のご案内

新土木実験指導書・コンクリート編（第四版）	村田二郎・岩崎訓明編	A5・268頁
コンクリートの水密性とコンクリート構造物の水密性設計	村田二郎著	A5・160頁
コンクリート施工設計学序説	村田二郎監修	A5・256頁
コンクリートのひび割れと破壊の力学—現象のモデル化と制御	三橋博三・六郷恵哲・国枝稔編著	A5・252頁
コンクリート構造物の力学基礎	川上洵・小野定・岩城一郎・石川雅美著	A5・208頁
コンクリート構造物の力学—解析から維持管理まで	川上洵・小野定・岩城一郎著	A5・190頁
コンクリート構造物の応力と変形—クリープ・乾燥収縮・ひび割れ	A.Ghaliほか著／川上洵ほか訳	A5・446頁
膨張コンクリートの性能評価	辻幸和・栖原健太郎著	B5・150頁
新コンクリートの非破壊試験	日本非破壊検査協会編	B5・382頁
建設材料学（第六版）	樋口芳朗ほか著	A5・240頁
図解土木講座 コンクリートの知識	小谷昇・井田敏之・小平惠一著	B5・112頁
コンクリート技士　　　試験問題と解説　平成24年版 コンクリート主任技士 試験問題と解説	長瀧重義・友澤史紀監修	A5・340頁, 404頁
コンクリート構造診断士 試験問題と解説	出雲淳一監修	A5・278頁
コンクリート診断士 受験対策講座	木村克彦ほか著	B5・356頁
コンクリート構造診断入門	プレストレストコンクリート技術協会編／二羽淳一郎監修	A5・182頁

技報堂出版　TEL 編集 03(5217)0881　営業 03(5217)0885　FAX 03(5217)0886